# BEM-ESTAR COM
# NEUROCIÊNCIA

# CAMILA VORKAPIC

# BEM-ESTAR COM NEUROCIÊNCIA

UMA JORNADA CIENTÍFICA DE AUTOCONHECIMENTO

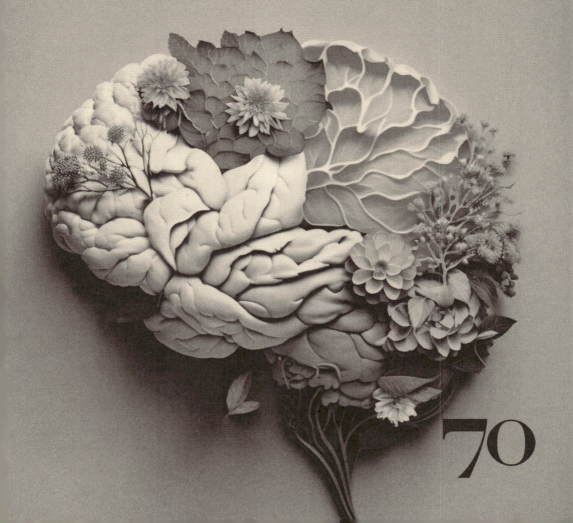

70

**Bem-estar com neurociência**
Uma jornada científica de autoconhecimento
© ALMEDINA, 2024

AUTORA: Camila Vorkapic

DIRETOR DA ALMEDINA BRASIL: Rodrigo Mentz
EDITOR: Marco Pace
EDITORA DE DESENVOLVIMENTO: Luna Bolina
PRODUTORA EDITORIAL: Erika Alonso
ASSISTENTES EDITORIAIS: Laura Pereira, Patrícia Romero e Tacila Souza
REVISÃO: Lara Oliveira

DIAGRAMAÇÃO: Almedina
DESIGN DE CAPA: Tangente Design

ISBN: 9786554272438
Maio, 2024

Dados Internacionais de Catalogação na Publicação (CIP)
(Câmara Brasileira do Livro, SP, Brasil)

---

Vorkapic, Camila
Bem-estar com neurociência : uma jornada científica de autoconhecimento
Camila Vorkapic. – São Paulo : Edições 70, 2024.

ISBN 978-65-5427-243-8

1. Bem-estar 2. Cérebro – Anatomia 3. Hormônios
4. Metabolismo 5. Neurociência I. Título.

CDD-612.8
24-195582                                                                 NLM-WL-100

---

Índices para catálogo sistemático:

1. Neurociências : Medicina 612.8

Eliane de Freitas Leite – Bibliotecária – CRB 8/8415

Este livro segue as regras do novo Acordo Ortográfico da Língua Portuguesa (1990).

Todos os direitos reservados. Nenhuma parte deste livro, protegido por copyright, pode ser reproduzida, armazenada ou transmitida de alguma forma ou por algum meio, seja eletrônico ou mecânico, inclusive fotocópia, gravação ou qualquer sistema de armazenagem de informações, sem a permissão expressa e por escrito da editora.

EDITORA: Almedina Brasil
Rua José Maria Lisboa, 860, Conj. 131 e 132, Jardim Paulista | 01423-001 São Paulo | Brasil
www.almedina.com.br

*Dedicado àquelas que mais me ensinam sobre autoconhecimento, Maya e Katherina.*

# SUMÁRIO

CAPÍTULO I — ADMIRÁVEL CÉREBRO HUMANO?......... 13
Modelagens diferentes e mais energia.................... 16
Sal e fogo ............................................ 19

CAPÍTULO II — NOSSAS INCRÍVEIS MOLÉCULAS COMUNICANTES E O FUNCIONAMENTO DO CÉREBRO: DOPAMINA, SEROTONINA, NORADRENALINA, GABA E GLUTAMATO ......................................... 23

CAPÍTULO III — NADA DE PALAVRAS CRUZADAS! NEUROPLASTICIDADE E RESILIÊNCIA NEURONAL ....... 35
Neuroplasticidade molecular......................... 40

CAPÍTULO IV — NEUROCIÊNCIA DA FELICIDADE ........ 43
O que é felicidade? ................................... 43
Modos operacionais cerebrais ......................... 44
Estresse: o inimigo da felicidade e do bem-estar ......... 48
Outros inimigos do bem-estar ......................... 52

CAPÍTULO V — FOMOS FEITOS PARA PROCRIAR (E NÃO PARA SERMOS FELIZES): AUTOSSABOTAGEM X AUTOCONHECIMENTO ................................ 57
Terra da infelicidade ................................. 58

BEM-ESTAR COM NEUROCIÊNCIA

O que realmente nos faz felizes? ........................ 62
    1. Gentileza gera gentileza que gera bem-estar. ........ 62
    2. Pelo que sou grato? ............................ 63
    3. Conexões sociais e amizades .................... 64

CAPÍTULO VI — IRISINA, O HORMÔNIO MENSAGEIRO
DOS DEUSES E A IMPORTÂNCIA DO EXERCÍCIO PARA O
CÉREBRO ............................................. 71
    Movimento, evolução e cérebro ..................... 71
    Efeitos do exercício no cérebro...................... 76
    1. Alterações na resposta ao estresse (eixo HPA) e resposta antioxidante ........................... 76
    2. Alterações na química cerebral (neurotransmissão e neuro-transmissores) ......................... 77
    3. Aumento de fatores de crescimento (neurotróficos) 80
    4. Novos neurônios (neurogênese), novos vasos sanguíneos (angiogênese) e novas sinapses (sinaptogênese).. 81
    5. Desinflamando o cérebro ...................... 84
    Exercício e saúde mental ........................... 85
    Exercício e doenças neurodegenerativas.............. 88
    *Êxtase* ........................................... 91

CAPÍTULO VII — CALMA, RESPIRA! OS INCRÍVEIS EFEITOS
DA RESPIRAÇÃO NO CÉREBRO ........................ 93
    Respiração, estados e transtornos mentais ............ 94
    Respiração e funções cognitivas...................... 101
    Suspiro fisiológico ................................. 105
    Respiração da caixa ............................... 105

CAPÍTULO VIII — FECHE OS OLHOS E SE CONCENTRE:
O PODER DAS PRÁTICAS CONTEMPLATIVAS PARA O
BEM-ESTAR.......................................... 107
    Basta fechar os olhos? ............................. 107
    Meditação e cérebro................................ 111
    Yoga na mente .................................... 117

SUMÁRIO

Meditação *shamata*.................................... 125
Meditação de 1 a 10................................. 126

CAPÍTULO IX — QUIMERA: O PODER DA MICROBIOTA
PARA A SAÚDE MENTAL............................... 127
Estresse e depressão................................. 128
Parkinson, ELA e autismo............................ 132
Tratando com bactérias: os psicobióticos............... 135

CAPÍTULO X — NÃO ESTÁ NA CARA! AS INCRÍVEIS
DESCOBERTAS SOBRE AS EMOÇÕES HUMANAS.......... 139
*Hardware* simples, *software* complexo.................. 142
Inteligência emocional e autorresponsabilidade........... 144

CAPÍTULO XI — ATRAÇÃO SEXUAL, AMOR E APEGO: O
CÉREBRO NO COMANDO DAS ELABORADAS ESTRATÉGIAS
DE REPRODUÇÃO HUMANA........................... 145
*Love is in the air*.................................... 150
Quero você!....................................... 153
Quando as coisas acabam mal........................ 156
Antidepressivos, os inimigos do amor.................. 157

CAPÍTULO XII — QUANDO ALGO VAI MAL: O CÉREBRO
TRISTE E A DEPRESSÃO.............................. 161
Cérebro estressado: o início de tudo................... 163
Menos plástico e flexível............................ 167
Desconectado e inflamado........................... 170

CAPÍTULO XIII — PSICODÉLICOS E A NOVA PSICOFAR-
MACOLOGIA....................................... 175
Aldous Huxley e as portas da percepção............... 175
De volta ao futuro.................................. 177
Existem evidências científicas?....................... 180
Uma viagem e tanto................................ 182
Mais conectados: mudanças genéticas nos neurônios...... 189

REFERÊNCIAS....................................... 197

Nas últimas décadas, neurociência se tornou uma palavra da moda em diversos campos, desde economia a educação ou psicologia. Por quê? Bem, os estudos neurocientíficos dão validade ao conhecimento sobre nossa biologia, mas não só isso. A neurociência nos proporciona um olhar sobre nós mesmos e nos fornece algo valioso: autoconhecimento. A contemplação do autoconhecimento tem uma longa história na filosofia e, mais recentemente, na psicologia e na neurociência. Conhecer a nós mesmos, as dinâmicas cerebrais e as razões evolutivas pelas quais nos comportamos de determinadas maneiras, tem um poder tremendo no alívio de frustrações, culpa e ansiedade. Aqui, a neurociência dá, na minha opinião, sua melhor contribuição: a de proporcionar bem-estar através do conhecimento. Mas, obter conhecimento é apenas o primeiro passo. O segundo, e mais importante, é colocá-lo em prática. Para que ocorra transformação, é preciso aprender. E plasticidade — qualquer mudança que advém de aprendizado — talvez seja a palavra mais importante deste livro. A maior parte do bem-estar depende de nós mesmos, como uma habilidade que precisa ser treinada, tendo em mãos, claro, o conhecimento correto.

Na maioria das vezes, nossos cérebros e corpos são moldados por forças ao nosso redor, das quais não temos muita consciência e que não podemos controlar. O convite da neurociência neste livro é que possamos assumir mais responsabilidade pela saúde de nossos cérebros e corpos (pelo menos até certo ponto), reduzindo a chance do aparecimento de doenças, aliviando o sofrimento e proporcionando maiores níveis de felicidade e bem-estar.

E esse é meu convite especial a você, leitor.

Divirta-se!

Camila Vorkapic, PhD.
*Setembro de 2023*

# CAPÍTULO I

# ADMIRÁVEL CÉREBRO HUMANO?

Já reparou como nosso cérebro é enrugado? Mais do que o de outros animais? Por muito tempo, acreditou-se que as reentrâncias, características da superfície do cérebro de alguns mamíferos, tinham relação com a quantidade de neurônios na região. Ou seja, que o grau de girificação (quantidade de dobras ou rugas) teria relação direta com o número total de neurônios. Mas os dados não corroboravam essa hipótese e hoje se sabe que a questão das dobras parece ter mais a ver com física do que biologia, isto é, resultam da maneira como o órgão se molda às pressões internas e externas em seu desenvolvimento, obedecendo ao mesmo tipo de regra que uma folha de papel ao ser amassada (os dois sistemas — área e espessura — se deformam de modo a assumir a configuração mais estável). De fato, parecia que a quantidade de rugas do córtex estaria relacionada à área total e à espessura, ou seja, córtices mais finos com áreas grandes têm muitas dobras e córtices mais espessos tendem a ficar menos enrugados. A hipótese era a de que o córtex se dobraria conforme ganhasse neurônios. Mas não era uma hipótese baseada em dados, pois não se conhecia a relação entre o número de neurônios no córtex cerebral e sua superfície, espessura ou volume. Tal pressuposto se baseava na premissa de que todos os córtices teriam em comum a mesma relação entre número de neurônios e superfície, e na observação de que, com mais dobras, no córtex caberia uma superfície maior em um mesmo volume (como um pano cada vez maior enrolado dentro de um recipiente). De fato, estudos da neurocientista brasileira Suzana Herculano-Houzel mostram que a razão pela qual o córtex se dobra é física, como já mencionado, e não relacionada ao número de neurônios. Isso explica como dois córtices com o mesmo grau de dobras, como o do porco e o do babuíno, podem ter números de neurônios completamente diferentes, um dez vezes maior do que o outro. Também explica como o córtex humano, com três vezes mais neurônios que o do elefante, tem duas vezes menos dobras (MOTA; HERCULANO-HOUZEL, 2015).

**Figura 1:** Diferença de tamanho entre o cérebro humano e o de um elefante.

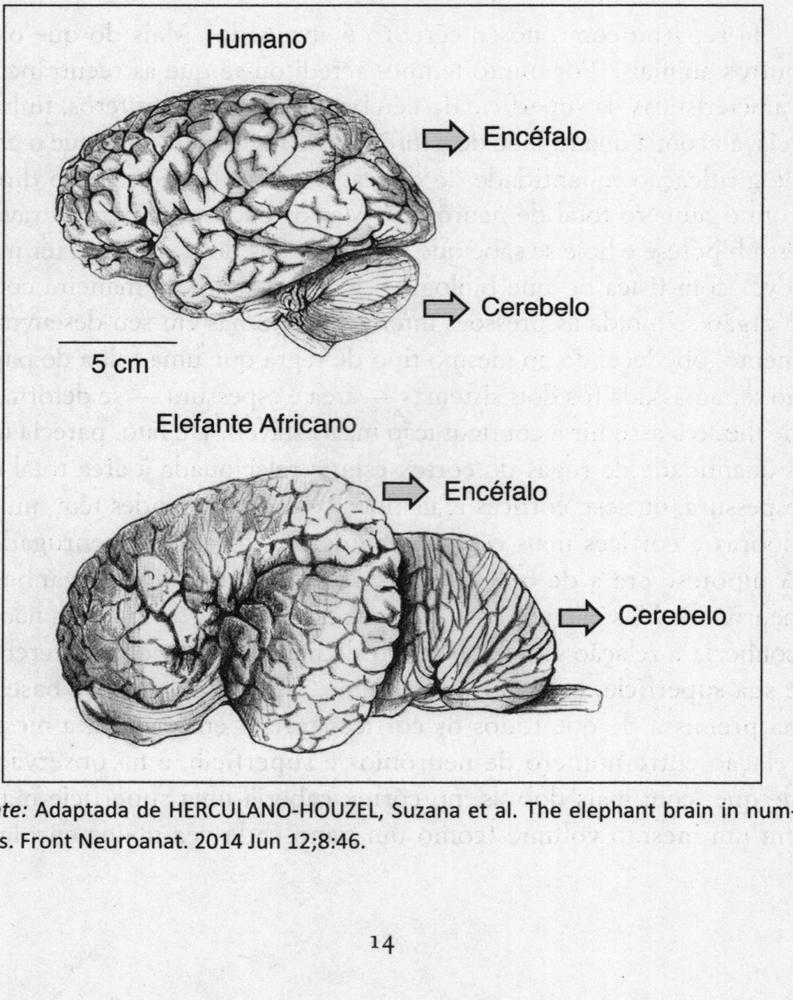

*Fonte:* Adaptada de HERCULANO-HOUZEL, Suzana et al. The elephant brain in numbers. Front Neuroanat. 2014 Jun 12;8:46.

ADMIRÁVEL CÉREBRO HUMANO?

Mas se não há relação com o número de neurônios, o que determina as dobras do cérebro?

O córtex se dobra conforme responde às várias forças que agem sobre ele no processo de desenvolvimento, como a expansão do número de células e a própria pressão atmosférica. A conformação mais energeticamente favorável que o córtex assume em resposta a essas forças não depende diretamente do número de neurônios, mas, sim, da combinação entre a extensão da superfície cortical e sua espessura. Os pesquisadores supõem que essas grandezas são determinadas pela maneira como os neurônios se espalham pelo córtex durante o desenvolvimento.

Mas, e entre as rugosidades e a inteligência, existe uma relação? Ou melhor, será que existe uma relação entre número de neurônios, grau de dobras e capacidade cognitiva? Não é o que parece. Claro, ter um cérebro dobrado deve ser vantajoso, de alguma forma, para uma mesma extensão de córtex. Uma menor espessura permite que ele se dobre mais — isso poderia favorecer o desenvolvimento de funções especializadas em áreas cerebrais distintas e diminuiria o volume do órgão, facilitando a passagem rápida de sinais. Mas esse aspecto ainda precisa ser mais estudado.

Independentemente do grau de dobra, por muito tempo achava-se que outro aspecto do cérebro estava ligado à capacidade cognitiva: o tamanho. Isso porque acreditava-se que os cérebros de todos os mamíferos (incluindo o humano) fossem feitos do mesmo modo: quanto mais volume, mais neurônios e mais inteligência. Dois cérebros do mesmo tamanho deveriam ter número similar de neurônios e habilidades cognitivas semelhantes. No entanto, não é isso que acontece. Por exemplo, chimpanzés e vacas têm cérebros de aproximadamente 400 gramas, mas níveis de inteligência bem diferentes. Se assim fosse, o maior cérebro de todos deveria ser o mais cognitivamente capaz. E aqui começa o paradoxo humano. Nosso cérebro não é o maior de todos, embora seja o maior entre os primatas. Pesa de 1,2 a 1,5 quilo, o do elefante de 4 a 5 quilos, enquanto o de baleia pode chegar a 9 quilos. Além disso, é o que gasta mais energia. Por esse motivo, nos últimos anos começou a cair por terra a hipótese de que cérebros maiores deveriam ter mais neurônios e que quanto maior fosse o cérebro, maior seria a capacidade cognitiva.

15

Então, pesquisadores começaram a suspeitar que talvez nosso cérebro não fosse tão especial assim ou que talvez ele só fosse feito de outra maneira.

O trabalho (excepcional) de Herculano-Houzel foi primordial para responder essa dúvida (HERCULANO-HOUZEL, 2009). Ao desenvolver um método eficaz para contar neurônios em diversas espécies, ela observou que entre roedores e primatas as regras começavam a mudar. Comparando cérebros de roedores, observou-se que quanto maior era o cérebro, maior era o tamanho médio dos neurônios, fazendo com que este cérebro aumentasse de tamanho mais rápido do que ganhava neurônios. Mas, em primatas, tudo mudava.

## Modelagens diferentes e mais energia

Entre primatas, o cérebro ganha neurônios sem que o tamanho deles aumente, em um tipo de modo econômico de acumulá-los. Resultado: o cérebro do primata terá sempre mais neurônios que o de um roedor de tamanho igual, e quanto maior o cérebro, maior a distinção. A diferença está no modo como esses cérebros se desenvolvem. O cérebro humano tem, em média, 86 bilhões de neurônios, 16 bilhões no córtex cerebral. E se considerarmos que o córtex é a sede de funções como consciência e raciocínio lógico e abstrato, e que 16 bilhões são o máximo de neurônios de um córtex, essa é a explicação mais simples para nossa notável capacidade cognitiva. Se o cérebro humano, com seus 86 bilhões de neurônios, fosse feito da mesma maneira que o cérebro de um roedor, pesaria 36 quilos em um corpo, improvável, de 89 toneladas. Definitivamente não somos assim.

A conclusão óbvia? Não somos roedores e não podemos nos comparar a eles em termos de habilidades cognitivas. Se fizermos as contas, levando em consideração o modo como os cérebros de primatas são feitos (e não de roedores), descobriremos que um primata qualquer com 86 bilhões de neurônios teria o cérebro de 1,2 quilo, o que parece correto para um corpo de 66 quilos. A outra conclusão nada surpreendente? Somos primatas. O justo então é nos compararmos a outros primatas (HERCULANO-HOUZEL, 2009).

ADMIRÁVEL CÉREBRO HUMANO?

**Figura 2**: Diferenças entre cérebros de roedores e primatas.

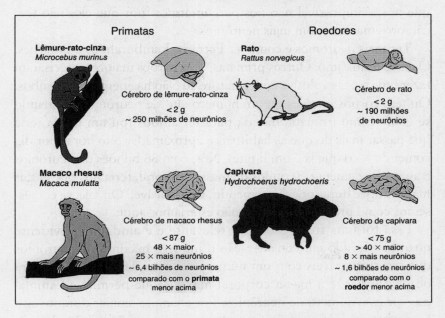

*Fonte:* Adaptada de NEVES K, DA CUNHA F e HERCULANO-HOUZEL S (2017). What Are Different Brains Made Of?. Front. Young Minds. 5:21.

E no ápice está o córtex cerebral humano, com seu tamanho relativo maior comparado ao encéfalo. No entanto, isso nada mais é do que o esperado, tanto porque somos primatas como porque, entre os primatas, possuímos o maior encéfalo e dentro dele o maior córtex cerebral, e não porque somos especiais. Assim, novamente, os humanos são apenas a continuação de uma "tendência" evolutiva (HERCULANO-HOUZEL, 2017, p. 160).

Há ainda uma questão importante para o entendimento do cérebro humano: a energética. O custo energético de um cérebro depende de quantos neurônios ele possui, ou seja, é uma simples função linear do seu número de neurônios. Portanto, a razão de o cérebro humano consumir tanta energia é por possuir muitos neurônios. Mas, como chegamos a esse impressionante número?

Se levarmos em consideração que outros primatas são maiores do que nós, é impossível não nos perguntarmos: por que eles não têm cérebros maiores, com mais neurônios?

Ter mais neurônios é como ter Ferraris, Lamborghinis e Porsches. O custo é altíssimo. Outros primatas, com corpos maiores, precisaram fazer uma troca evolutiva com a natureza. Não há energia para ambos. Ou têm corpos grandes ou um número alto de neurônios. E quando se come como primata, não dá para ter ambos (ou um gorila teria que passar mais do que as habituais e aproximadas oito horas por dia comendo — o que já é um limite). Nós, com 86 bilhões de neurônios e aproximadamente 70 quilos de massa corporal, teríamos que gastar mais de nove horas por dia comendo. Impraticável. Ou seja, se comêssemos como primatas clássicos, não estaríamos aqui.

Essa foi uma troca evolutiva relevante e é ainda mais evidente quando é levado em consideração o número máximo de neurônios que são sustentáveis com um número máximo de horas gastas para obter calorias, e a massa corporal máxima que permite ao animal possuir esse número de neurônios. Por exemplo, comer durante oito horas permite que um primata tenha não mais que 53 bilhões de neurônios e ainda ao custo de limitar a massa corporal ao máximo de 25 quilos. Daria para aumentar o tamanho do corpo gastando as mesmas oito horas diárias em forrageio? Sim, mas é necessário abrir mão de neurônios no encéfalo. Assim, segundo cálculos, o que ocorreria é exatamente o que vemos na natureza: o número máximo de neurônios que comporta um encéfalo primata diminui conforme aumenta a massa corporal. Primatas de grande porte, como gorilas, já atingiram o número máximo de horas em forrageio e, consequentemente, o número máximo de calorias que podem consumir por dia. Como um primata não pode dispor de um corpo grande e de um altíssimo número de neurônios concomitantemente, a alternativa é mais corpo ou mais cérebro (HERCULANO-HOUZEL, 2009).

Desde o último ancestral em comum com bonobos, chimpanzés e gorilas, há 16 milhões de anos, as linhagens que permaneceram quadrúpedes e as que andam nos nós dos dedos parecem ter investido no ganho de massa corporal, enquanto para nosso ancestral recém-bípede, magro e ágil (que há cerca de 4 milhões de anos divergiu da

ADMIRÁVEL CÉREBRO HUMANO?

linhagem que daria origem a chimpanzés e bonobos), foi mais vantajoso investir suas calorias diárias em um número maior de neurônios. As estimativas para um primata genérico seriam que nós, com nossos 86 bilhões de neurônios e aproximadamente 70 quilos, deveríamos consumir cerca de duzentas calorias por hora e gastar mais de nove horas por dia em forrageio. Ou seja, ou não deveríamos existir ou algo aconteceu para fazer com que nossos ancestrais pudessem suportar o crescente número de neurônios (de fato, o encéfalo das espécies *Homo* quase triplicou de tamanho nos últimos 1,5 milhão de anos). O que nos leva à próxima conclusão sobre o que tornou nosso cérebro tão densamente empacotado de neurônios em tão pouco tempo. O que quer que tenhamos feito deve ter sido suficientemente eficaz na eliminação do principal problema associado: a restrição energética. Para contornar esse problema, as opções eram: reduzir o tamanho do corpo, diminuir o custo energético do encéfalo, gastar ainda mais horas em forrageio para obter mais calorias ou extrair mais calorias do alimento, ou seja, mudar a dieta.

## Sal e fogo

Com um consumo tão alto de energia, mas sem todo esse tempo disponível para a alimentação, só tínhamos uma alternativa: a comida teria que ser mais calórica e densa, ou seja, não poderíamos mais ser herbívoros e crudívoros. Há 4 milhões de anos, nossos ancestrais australopitecíneos bípedes já haviam se transformado em coletores. E há 2 milhões de anos, o *Homo erectus,* com uma anatomofisiologia propícia à corrida de resistência, tornava-se caçador de animais de quatro patas (LIEBERMAN, 2013). Além disso, a caça, comportamento altamente complexo que requer cooperação, planejamento, memória, raciocínio, autocontrole e inferência sobre estados mentais alheios, certamente exerceu pressão seletiva por mais neurônios.

Estudos antropológicos e paleontológicos mostram que a alimentação a base de carne levou a um aumento no cérebro de espécies da nossa linhagem (entre australopitecíneos e primeiro *Homo*), mas uma expansão ainda mais radical foi vista há cerca de 1,5 milhão de anos durante a evolução do gênero *Homo*, com a descoberta de uma grande inovação tecnológica: o cozimento dos alimentos (HERCULANO--HOUZEL, 2009). Ao cozinhar e pré-digerir alimentos fora do corpo (alimentos crus fornecem apenas 33% da energia de quando estão cozidos), obtém-se mais energia em menos tempo. Agora, um cérebro grande e caro pode bancar toda essa energia e evoluir rapidamente. Precisamente, foi o que aconteceu. Em outras palavras, foi essa revolucionária tecnologia que nos livrou da restrição energética que limita todos os outros animais ao número menor de neurônios corticais, que podem ser sustentados por uma dieta crua na natureza. De fato, as evidências da drástica redução nos dentes e na massa óssea craniana e o encurtamento do intestino (WRANGHAM, 2010), esperados para uma espécie que não precisava mais fazer tanto esforço para mastigar, já eram observados junto a registros fósseis do uso de fogo no mesmo período. Esse aumento no aporte calórico não foi um bônus para o *Homo*, mas condição *sine qua non* para o enorme aumento de seus cérebros. Se pudéssemos traçar uma linha do tempo aproximada, relacionando acontecimentos significativos e aumento no tamanho do cérebro de primatas hominídeos, seria: 1) bipedalismo; 2) coleta de alimentos; 3) caça e mudança da dieta; 4) maior aporte energético e número de neurônios; 4) cozimento de alimentos; 5) aumento radical no tamanho do cérebro e número de neurônios no *Homo*; 6) vantagem cognitiva; 7) uso de habilidades cognitivas em caçadas mais elaboradas, deslocamentos, habitação, coleta, bem-estar do grupo, proteção de membros, transmissão de conhecimentos.

Resumindo uma história de milhões de anos, podemos dizer que nosso encéfalo não é especial no custo absoluto de energia de seus neurônios (ele custa justamente o que se esperaria para seu número de neurônios), nem no custo relativo de seu córtex cerebral (que contém uma proporção semelhante do total de neurônios encefálicos encontrada em outras espécies, exceto o elefante). Ao examinarmos o cérebro humano à luz da evolução e das evidências recentes, a resposta é (mais uma vez): humanos são primatas. E entre os primatas, o encéfalo humano é o que tem o maior custo metabólico absoluto simplesmente porque é o que possui mais neurônios. Nada muito especial. O extraordinário é que o modo como adquirimos essa quantidade enorme de novos neurônios e um cérebro maior ocorreu através de uma das atividades mais básicas para o humano moderno, mas precisamente a única que só nós realizamos. No final das contas, o cozimento dos alimentos nos tornou humanos. Esqueça raciocinar, planejar ou usar a linguagem. Nós cozinhamos o que comemos e essa é a única atividade exclusivamente humana.

**Figura 3**: Ferramentas simples podem ter permitido aos primeiros *Homo sapiens* preparar o cozimento dos alimentos.

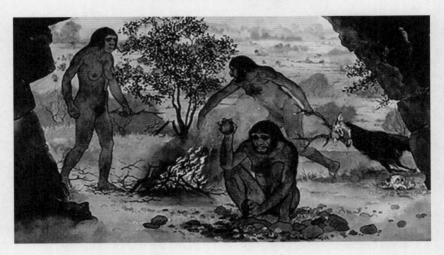

*Fonte:* The Natural History Museum/Alamy.

O que fazemos que nenhum outro animal faz e que nos permitiu esse número notável de neurônios? Nós cozinhamos o que comemos. O resto — todas as inovações tecnológicas possibilitadas por esse número notável de neurônios em nosso córtex cerebral e a consequente transmissão cultural dessas inovações que mantêm em ascensão a espiral que transforma capacidades em habilidades — é história. E assim florescemos: nos últimos 100 mil anos nosso encéfalo grande com seu córtex cerebral rico em neurônios inventou cultura, agricultura, civilização, mercados, eletricidade, cadeias de abastecimento, refrigeradores — todas essas coisas que conspiram para pôr incontáveis calorias à nossa disposição (HERCULANO-HOUZEL, 2017, p. 96).

# CAPÍTULO II

# NOSSAS INCRÍVEIS MOLÉCULAS COMUNICANTES E O FUNCIONAMENTO DO CÉREBRO: DOPAMINA, SEROTONINA, NORADRENALINA, GABA E GLUTAMATO

No capítulo I vimos como o cérebro humano chegou ao topo da cadeia evolutiva em termos de número de neurônios corticais e habilidades cognitivas. E como em tão pouco tempo fomos capazes de ir da descoberta do fogo à construção de telescópios potentes. Mas, a manutenção de um sistema complexo como o cérebro humano requer uma rede vasta e integrada de comunicação entre suas estruturas fundamentais. Todas as células do nosso corpo se comunicam, mas, assim como as células do intestino são especialistas em absorção, os neurônios são mestres na arte da transmissão de informações. E todos os processos do corpo envolvem essa delicada teia de comunicação.

Pensamentos, emoções, gostos, medos, memórias, movimentos, reações fisiológicas, tudo resulta da comunicação entre neurônios. Essa comunicação, chamada de sinapse, depende de duas coisas: eletricidade e proteínas especiais. Se temos cerca de 86 bilhões de neurônios e cada neurônio pode fazer, em média, 7 mil sinapses, você pode imaginar o impressionante número de sinapses em potencial no cérebro humano adulto (600 trilhões?). As sinapses podem ser elétricas ou químicas. Numa sinapse química (que é a grande maioria), os neurônios não estão fisicamente conectados, mas comunicam-se por meio de sinais químicos chamados de neurotransmissores. Neurotransmissores desempenham papel fundamental na comunicação entre neurônios ou neurônios e outras células, permitindo a coordenação de atividades diversas, como humor, movimento, cognição, apetite, memória e a regulação de funções vitais do corpo. Existem diversos tipos de neurotransmissores, com funções específicas e locais de produção e atuação diversos. Independentemente do tipo de neurotransmissores, suas ações são como um sistema binário: podem apenas inibir ou estimular outro neurônio. Quando um neurônio é estimulado, ele gera o que chamamos de potencial de ação (impulso elétrico), que atinge a extremidade do axônio (terminal axonal), induzindo a liberação de neurotransmissores na fenda sináptica (o espaço entre os neurônios). Os neurotransmissores difundem-se pela fenda sináptica e se ligam a receptores específicos nas membranas dos neurônios pós-sinápticos (aqueles que recebem o sinal). Essa ligação ativa ou inibe a atividade dos neurônios pós-sinápticos, desencadeando uma resposta elétrica no neurônio receptor. A ligação dos neurotransmissores aos receptores resulta em uma mudança no potencial elétrico da membrana do neurônio pós-sináptico, chamada de potencial pós-sináptico. Se esse potencial atingir um limiar crítico, um novo potencial de ação pode ser gerado no neurônio pós-sináptico. Após a transmissão do sinal, os neurotransmissores na fenda sináptica são removidos para interromper a resposta e impedir que o neurônio pós-sináptico permaneça estimulado. A remoção dos neurotransmissores (processo de grande importância nos mecanismos de ação de drogas psicoativas), chamada de inativação, pode ocorrer através de três processos: I) recaptação pelos neurônios pré-sinápticos; II) degradação enzimática; ou III) difusão lateral.

O que define se uma sinapse será excitatória (gerar um potencial de ação ou estimular o neurônio pós-sináptico) ou inibitória ("desligar" o neurônio pós-sináptico) é a natureza do neurotransmissor. Para ser mais preciso, é o tipo de receptor, já que alguns neurotransmissores podem ter efeito ora inibitório, ora excitatório, dependendo de a qual receptor se ligam (enquanto outros podem ser exclusivamente excitatórios ou exclusivamente inibitórios).

**Figura 4**: Sinapse química. Acima: neurônio pré-sináptico com vesículas repletas de neurotransmissores que se difundem na fenda sináptica com a passagem do impulso elétrico. Abaixo: neurônio com receptores pós-sinápticos.

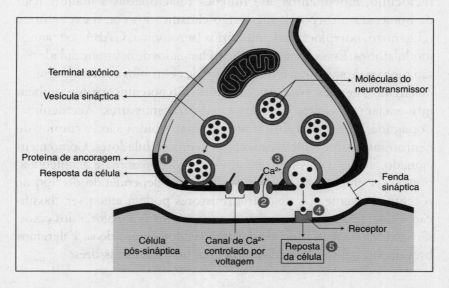

*Fonte:* Brain Latam e Silverthorn, Dee Unglaub. *Fisiologia humana*: uma abordagem integrada. São Paulo: Artmed Editora, 2010.

A propósito dos diversos tipos de neurotransmissores, é curioso que, embora os mais famosos sejam dopamina, serotonina e noradrenalina, a maioria das sinapses no cérebro é glutamatérgica e gabaérgica (≈80–90%), ou seja, envolvem a participação dos principais neurotransmissores excitatório e inibitório: glutamato e GABA (ácido gama-aminobutírico), respectivamente. A interação equilibrada entre os neurotransmissores excitatórios e inibitórios é essencial para uma função cerebral adequada e para a manutenção do equilíbrio entre excitação e inibição no cérebro (FINNEMA *et al.*, 2016). Qualquer desequilíbrio nos níveis, na ação dos neurotransmissores e de seus receptores ou nos mecanismos de remoção pode ocasionar distúrbios neurológicos e psiquiátricos.

Existem mais de 60 tipos de neurotransmissores responsáveis por diversos comportamentos, desde emoções, medos, memórias, humor, raciocínio, movimentos, até funções relacionadas à manutenção da homeostase corporal. Eles estão classificados como excitatórios (glutamato, norepinefrina), inibitórios (serotonina, GABA) ou neuro-modulatórios. Esses últimos, também chamados de neuromoduladores, são capazes de afetar um número maior de neurônios ao mesmo tempo, ou circuitos neurais. Neuromoduladores são potentes porque também influenciam os efeitos de outros neurotransmissores. Acetilcolina, dopamina, serotonina, histamina e canabinoides são exemplos de neurotransmissores que atuam como neuromoduladores. Como mencionado, alguns neurotransmissores, como dopamina e acetilcolina, podem ter efeitos excitatórios e inibitórios, dependendo do tipo de receptor presente. Os neurotransmissores podem ainda ser classificados quanto à estrutura química ou tamanho. Na maioria dos casos, são divididos em monoaminas, aminoácidos e peptídeos. Falaremos brevemente sobre alguns dos principais neurotransmissores:

*Aminoácidos*
— Ácido gama-aminobutírico (GABA): principal neurotransmissor inibitório do sistema nervoso. Desempenha papel no controle motor, visão e regulação da ansiedade. Os ansiolíticos usados para tratar a ansiedade funcionam potencializando o efeito do GABA e, por inibirem sinapses em áreas específicas do cérebro, aumentam a sensação de relaxamento e calma. Existem diversas estratégias não farmacológicas que também aumentam a transmissão do GABA e induzem o relaxamento. Mais tarde falaremos sobre elas.
— Glutamato: neurotransmissor mais abundante no sistema nervoso, desempenha papel crítico de regulação de funções cognitivas, formação de novas memórias (um processo chamado de potenciação de longo prazo) e aprendizado. Quantidades excessivas de glutamato podem ser tóxicas aos neurônios (excitotoxicidade), resultando em morte celular. Esse fenômeno, causada pelo acúmulo de glutamato, está associado a fisiopatologia de doenças e lesões cerebrais, como Alzheimer, epilepsia e acidente vascular encefálico.

### *Peptídeos*
— Ocitocina: produzido pelo hipotálamo, esse neurotransmissor pode ter efeito pontual (no cérebro) ou sistêmico (pelo corpo, como hormônio) e desempenha papel importante na reprodução sexual, criação de vínculos afetivos, contração uterina e produção de leite materno.

— Endorfinas: inibem a transmissão de sinais de dor (analgésicos) e promovem euforia. São produzidos naturalmente pelo corpo em resposta à dor, mas podem ser desencadeados por atividades como o exercício físico. Seus análogos exógenos, morfina e heroína, têm mecanismos de ação similares e, portanto, receberam nomes sugestivos, com os mesmos sufixos. Algumas estratégias não farmacológicas aumentam a produção de endorfinas e induzem estados de euforia prazerosa. Mais tarde falaremos sobre elas.

### *Monoaminas:*
Sem dúvida, os neurotransmissores mais famosos e mal compreendidos da atualidade. Embora participem de poucas sinapses (quando comparadas ao GABA e glutamato), suas ações são críticas para a regulação do comportamento, o que talvez tenha proporcionado tanta fama a essas moléculas.

— Dopamina: neurotransmissor envolvido com motivação, ação, *drive*, recompensa, movimento, adicção e muito mais com a antecipação do prazer do que este em si. A fama da dopamina é justificada. É um neuromodulador potente, ou seja, além de local, também tem ação sistêmica, influenciando circuitos inteiros e, consequentemente, o comportamento. É a moeda universal da criação, da busca, da procura, do impulso. Dopamina não significa diretamente prazer ou recompensa, como muitos pensam. O pico na liberação de dopamina acontece antes da recompensa. Dopamina tem a ver com motivação e desejo. É uma das moedas de troca mais importantes do cérebro, capaz de alterar estados mentais, níveis de energia e o sentimento de que podemos ou não alcançar objetivos. A melhora do desempenho através da chamada mentalidade de crescimento (*growth mindset*) é uma das maneiras mais eficazes de regular os níveis de dopamina. Mentalidade de crescimento funciona e melhora a performance porque o foco é no próprio esforço. A recompensa vem do esforço, do fazer, do engajar-se (e do engajar o córtex pré-frontal). O foco na celebração do objetivo alcançado, ou seja, a associação da dopamina à recompensa, pavimenta o caminho para o fracasso. Ao buscar o próximo objetivo, os níveis de dopamina estarão abaixo da linha de base e você estará começando de um ponto mais baixo do que antes, menos motivado (*dopamine reward prediction error*). A recompensa deve ser sempre a busca e não a celebração (LERNER; HOLLOWAY; SEILER, 2021).

Assim, o quão prazerosa é uma experiência depende da diferença entre os níveis de base de dopamina naquele momento e os picos prévios. Drogas, como a cocaína, diminuem essa lacuna, reduzindo cada vez mais a dopamina, fazendo com que o seu limiar para o prazer seja cada vez mais alto (ou seja, é cada vez mais difícil sentir prazer) e você esteja cada vez menos motivado (aliás, engajar-se repetidamente em algo que gosta também tem esse efeito) — *"the crash is proportional to the peak"*. Além disso, essa redução abaixo dos níveis iniciais na liberação subsequente de dopamina promove a liberação de outras substâncias que induzem níveis baixos de dor. É a famosa relação prazer/dor da dopamina. Aquela sensação de querer mais chocolate depois de ter comido um pedaço é, na verdade, uma tentativa de aliviar essa dor. Isso vale para cocaína, anfetaminas, nicotina, comida etc. O lado diabólico da dopamina é que cada vez a parte do prazer é menor e a da dor maior.

Cada vez que alteramos de modo mais intenso os circuitos dopaminérgicos, seja pelo uso de drogas ou realizando repetidamente comportamentos super prazerosos, interferimos na motivação; um processo duplo onde é preciso equilibrar prazer e dor.

**Figura 5**: Algumas drogas ou comportamentos causam picos e subsequentes quedas maiores de dopamina, fazendo com que os níveis basais sejam sempre mais baixos, dificultando, assim, o prazer e a motivação.

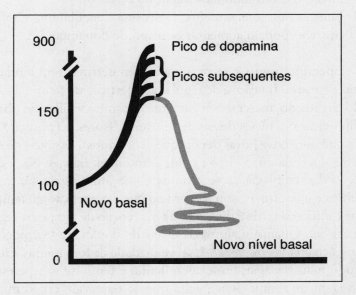

*Fonte:* Adaptado de Science of addiction. Disponível em: www.truthpharm.com. Acesso em: 25 set. 2023.

Mas a beleza da dopamina é que sua síntese e liberação são absolutamente subjetivas, o que significa que podemos escolher. Existem diversos protocolos e suplementos, baseados em evidência, que podem ajudar a promover uma regulação mais natural da dopamina, como:

1) Ter certeza de que a maioria dos seus prazeres é consequência direta dos seus esforços, ou seja, concentrar-se no percurso e não na recompensa final.
2) Pôr em prática estratégias comportamentais que aumentam a liberação de dopamina em consequência de esforços, como exercício, imersão no gelo (frio), jejum intermitente e conexões sociais.
3) Luz do sol nas três primeiras horas depois de acordar (aumento de receptores D4 de dopamina e hormônios tireoidianos).

4) Evitar luz entre 22h e 4h (a exposição durante este intervalo de tempo reduz a dopamina e inibe o circuito de recompensa por ativação do circuito habenular, no cérebro).
5) Substâncias como cafeína, L-tirosina, fenetilamina e mucuna pruriens podem aumentar os níveis de dopamina.

A dopamina (junto à serotonina e à epinefrina) tem ainda uma última (e curiosa) função: a de regular a percepção do tempo. Durante o ciclo circadiano, mais especificamente durante a vigília, são observadas diferenças nos níveis desses neurotransmissores: na primeira parte do dia (até oito/nove horas depois que acordamos), os níveis de dopamina e epinefrina estão altos e os de serotonina, baixos. Na segunda parte do dia, os níveis de serotonina começam a aumentar e os de dopamina e epinefrina caem. É por isso que a percepção do tempo de manhã e início da tarde é diferente da percepção de tempo na segunda parte do dia. Quanto maiores os níveis de dopamina (e epinefrina), maior é a chamada *"frame rate"*, ou velocidade de fotogramas. Ou seja, fica tudo mais devagar, em câmera lenta, e tende-se a superestimar a passagem do tempo (você acha que se passaram cinco minutos quando, na verdade, passaram-se três). Quanto menores os níveis de dopamina, menor a velocidade de fotogramas da "câmera", e então subestima-se a passagem do tempo (FUNG; SUTLIEF; SHULER, 2021). É por isso que pessoas com TDAH, e consequentemente com menos dopamina, têm a percepção de que o tempo passa mais rápido. Alguns exemplos para ajudar nessa compreensão:

— Quando passamos por traumas, porque há enorme liberação de norepinefrina e dopamina, tudo fica em câmera lenta e a memória é fortemente impressa no córtex (*overclocking*).
— Durante um banho frio, como também há liberação de epinefrina e dopamina, tendemos a superestimar a passagem do tempo, fazendo com que os cinco minutos de banho gelado pareçam uma eternidade.

Assim, não só os ciclos naturais, mas também os níveis de entusiasmo/excitação e comportamentos marcam a passagem do tempo e

NOSSAS INCRÍVEIS MOLÉCULAS COMUNICANTES...

podemos usar ciência para melhor fazer uso dos chamados cronôme-tros dopaminérgicos e serotonérgicos.

— Norepinefrina: produzida no *locus coeruleus*, no tronco encefá-lico, a norepinefrina ou noradrenalina desempenha papel importante no estado de alerta, atenção, regulação do humor, libido, apetite e está envolvida na resposta de luta ou fuga (reação ao estresse). Este neurotransmissor talvez não tenha a notoriedade de outras monoami-nas, como a serotonina e a dopamina, mas o fato de ser distribuída para todo o cérebro nos dá uma dica sobre sua real importância. Hoje sabemos que a norepinefrina pode inibir ou promover a formação de memórias, como uma harmoniosa balança neuroquímica. Por exemplo, você já passou por alguma experiência de medo intenso? Aposto que se lembra de cada detalhe, certo? Isso acontece por-que, nessas circunstâncias, o cérebro libera uma quantidade enorme de noradrenalina (e acetilcolina) em áreas relacionadas à memória (FAN *et al.*, 2022). Esse aprendizado intensivo forçado se resume à liberação desses dois neurotransmissores, que sinalizam ao cérebro quais circuitos podem ser alterados (e rapidamente). Esse processo é natural em crianças (além de durante eventos traumáticos), mas não em adultos. No entanto, você não precisa sentir medo intenso sempre que quiser aprender bem algo. Basta mimetizar esse mesmo ambiente neuroquímico. No adulto, deve-se aplicar o chamado *"incremental learning"*, com pequenos erros sendo adicionados a cada sessão. São precisamente esses erros que funcionam como um sinal para que o cérebro induza plasticidade. Mais especificamente, a frustração que sentimos quando achamos que não estamos acertando vem da libe-ração de noradrenalina. E é o ambiente noradrenérgico que carimba na memória que aquela informação não deve ser esquecida. Se, com-plementarmente, você consegue combinar a realização de erros a algo prazeroso (subjetivamente você pode pensar que os erros são um sinal de que está indo no caminho certo)... *boom*! Você adiciona dopamina a esse coquetel e cria o ambiente neuroquímico perfeito para qualquer reorganização neural. Existem protocolos baseados em evidência que também conseguem mimetizar o ambiente neu-roquímico perfeito para melhor memorização, isto é, proporcionar aumentos significativos de noradrenalina. Algumas dessas estratégias incluem: práticas de hiperventilação, exercício físico, exposição ao frio, redução da janela interpupilar durante o estudo (aqui a abertura estreita dos olhos induz maior liberação noradrenalina) e redução do piscar ou fixação dos olhos por 60-120 segundos durante o estudo (há aumento da atividade de áreas associativas e manutenção do túnel de foco mental, ou seja, o aumento do foco visual pela noradrenalina leva ao aumento do foco mental) e utilizar a primeira metade do dia, onde os níveis de noradrenalina são naturalmente maiores (EIMONTE *et al.,* 2021).

Estudos recentes respondem ainda a uma pergunta antiga da psiquiatria sobre a relação entre noradrenalina e depressão. Antidepressivos ISRS (inibidores seletivos de recaptação de serotonina) atuam aumentando a transmissão de serotonina e é esperado que melhorem humor e cognição, mas nunca se entendeu porque a noradrenalina era útil nesse sentido (ISRN: inibidores seletivos de recaptação de noradrenalina). Ao aumentar os níveis de noradrenalina no córtex pré-frontal, esses medicamentos suprimem a (hiper) atividade da amígdala, permitindo-a retornar aos níveis normais de excitação e regulando o humor. Assim, bem-estar e memória dependem que os níveis desse neurotransmissor estejam elegantemente equilibrados em diversas áreas (OUTHRED *et al.*, 2013).

— Acetilcolina: único neurotransmissor em sua classe, é um carreador de mensagens no sistema nervoso autônomo, na junção neuromuscular (para que ocorra a contração muscular esquelética, o neurônio deve liberar acetilcolina em uma placa motora), e no sistema nervoso central está associado à formação de novas memórias, assim como aos níveis de atenção e alerta.

— Serotonina: monoamina não catecolamina que, como a norepinefrina, é responsável pela regulação do humor, da libido, do apetite, do sono, da ansiedade e da dor. Com o avanço da psicofarmacologia e a descoberta dos antidepressivos inibidores seletivos de recaptação de serotonina (ISRSs), a serotonina se tornou um dos neurotransmissores mais notórios da atualidade. Mas não só a eficácia destes medicamentos é baixa em casos de depressão leve e moderada, como pesquisas recentes mostram que outras substâncias são mais eficientes na resolução da doença (falaremos sobre elas posteriormente).

Os níveis de serotonina também podem ser aumentados utilizando protocolos naturais, como o exercício físico e o banho quente. Durante o banho quente, por exemplo, receptores de temperatura na pele *(TRP channels)* informam ao hipotálamo (mais especificamente, à área pré-óptica) sobre o aumento da temperatura, que faz com que este, funcionando como um termostato, reduza-a rapidamente. É justamente essa diminuição da temperatura corporal que facilita o sono. Quando dormimos, nossa temperatura cai e atinge a mínima cerca de três horas antes de acordarmos. A redução na temperatura induz a liberação de serotonina, que, por sua vez, também promove o sono (CERRI; AMICI, 2021). Outros protocolos e suplementos, baseados em evidência que regulam os níveis de serotonina, incluem: práticas de gratidão e contato com pessoas próximas, comidas ricas em triptofano (leite, carne, peixe, atum, peru, queijo, aveia, oleaginosas), L-Triptofano, *cissus quadrangularis* e *mio inositol* (+ magnésio treonato).

Por serem responsáveis por tantos processos no corpo, desde homeostáticos àqueles relacionados ao comportamento, não é surpreendente que um sistema tão vasto e complexo seja suscetível a erros. Especialmente no que diz respeito à neurotransmissão, problemas podem ocorrer em diversas etapas desses processos: I) neurônios podem não fabricar suficientemente um neurotransmissor; II) neurotransmissores podem ser recaptados ou metabolizados por enzimas muito rapidamente; III) a liberação de um neurotransmissor pode ocorrer em excesso; e IV) a ligação neurotransmissor-receptor pode estar disfuncional. Além das doenças, as diferentes fases da neurotransmissão também podem ser afetadas por estratégias comportamentais ou uso de substâncias. O desenvolvimento de drogas que afetam a transmissão química, e consequentemente o efeito dos neurotransmissores, foi um grande avanço na farmacologia e na redução de sintomas associados a doenças, particularmente as psiquiátricas. Os ISRSs, como a fluoxetina e a paroxetina, por exemplo, bloqueiam a reabsorção da serotonina por neurônios pré-sinápticos, aumentando o tempo de permanência deste neurotransmissor nas sinapses de determinados circuitos no cérebro e aliviando sintomas associados. Os inibidores da colinesterase, como o donepezil, bloqueiam as enzimas que quebram a acetilcolina, também mantendo este neurotransmissor por mais tempo nas sinapses e auxiliando na melhora do funcionamento cognitivo em pessoas com Alzheimer.

Outras drogas, como álcool, heroína e cocaína, também afetam a neurotransmissão e consequentemente o comportamento. A molécula do etanol potencializa o efeito inibitório do GABA, reduzindo sinapses em áreas específicas e promovendo relaxamento. A heroína atua como um agonista de ação direta, potencializando o efeito dos nossos opioides naturais, as endorfinas, e induzindo a analgesia. A cocaína é um potente estimulante do sistema nervoso central, induzindo a liberação excessiva de dopamina em circuitos relacionados à recompensa.

Independentemente de como alteramos a neurotransmissão, o fato é que, se os níveis de neurotransmissores e os processos relacionados à comunicação entre neurônios não estiverem adequados, experimentaremos alterações significativas no comportamento, sintomas e o aparecimento de doenças.

# CAPÍTULO III

# NADA DE PALAVRAS CRUZADAS! NEUROPLASTICIDADE E RESILIÊNCIA NEURONAL

O que sabemos sobre o cérebro está mudando em um ritmo alucinante e grande parte do que pensávamos saber sobre ele simplesmente não é verdade. Muitos desses mitos estão relacionados ao que chamamos de neuroplasticidade, a capacidade do cérebro de se adaptar e reorganizar-se ao longo da vida em resposta a novas experiências, aprendizado, lesões ou mudanças no ambiente. Ultimamente, com o avanço das pesquisas em neurociência, tem sido possível desbancar alguns desses "neuromitos". Por exemplo, costumávamos pensar que depois da infância, o cérebro não poderia mais sofrer mudanças significativas, ou seja, que o cérebro adulto não era mais dotado de plasticidade. Hoje sabemos que nada pode estar mais longe da verdade. Há pelo menos 25 anos, pensávamos que, depois da puberdade, as únicas mudanças possíveis no cérebro seriam as negativas, como perda de neurônios em função do envelhecimento, demências ou lesões resultantes de acidente vascular encefálico (AVE). E então, nos últimos 20 anos, os estudos começaram a evidenciar de forma consistente como o cérebro adulto pode se reorganizar em decorrência de comportamentos que envolvem aprendizado. E ele faz isso basicamente de duas maneiras: 1) modificando a força das conexões sinápticas, através do aumento frequente da atividade de determinado circuito, resultando em aprendizado e memorização (neuroplasticidade sináptica); 2) formando novas conexões (sinaptogênese) e, em alguns casos, até mesmo a criação de novos neurônios (neurogênese).

Essa plasticidade é mais evidente em áreas do cérebro associadas ao aprendizado contínuo e à adaptação a mudanças ambientais (neuroplasticidade estrutural).

Independentemente do tipo, a neuroplasticidade é sustentada por alterações moleculares, químicas, estruturais e funcionais que acontecem em todo o cérebro.

Durante o desenvolvimento, à medida que o cérebro cresce, os neurônios individuais amadurecem, primeiro enviando múltiplas ramificações (axônios que transmitem informações do neurônio e dendritos que recebem informações) e depois aumentando o número de contatos sinápticos com conexões específicas. Ao nascer, cada neurônio infantil no córtex cerebral tem cerca de 2.500 sinapses. Aos dois ou três anos de idade, o número de sinapses por neurônio aumenta para cerca de 15.000 à medida que a criança explora seu mundo e aprende novas habilidades — um processo chamado sinaptogênese (LEBEL; DEONI, 2018).

**Figura 6**: A sinaptogênese se inicia na 27ª semana embrionária e atinge seu pico durante os primeiros 18 meses de vida. Os neurônios também vão aumentando o tamanho dos dendritos, axônios e mielinizando. Seguido este período de sinaptogênese, ocorre a poda sináptica, uma eliminação fisiológica de sinapses excedentes.

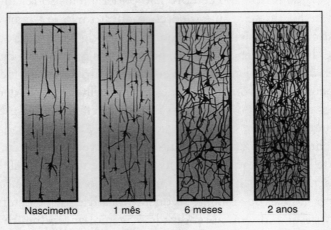

*Fonte:* Adaptado de Corel, JL. The postnatal development of the human cerebral cortex. Cambridge, MA: Harvard University Press; 1975.

Mas, ao longo do crescimento, à medida que nos adaptamos a novos ambientes, nosso cérebro descarta conexões não utilizadas ou desnecessárias, ao mesmo tempo que fortalece e preserva aquelas que são usadas com frequência. Essa atividade é chamada de poda sináptica, e é um fenômeno normal do processo de maturação do cérebro, que acontece aos 3 anos (menos pronunciada) e antes da puberdade (significativa) (KOLB; HARKER; GIBB, 2017). Para que o cérebro opere com eficiência, a poda sináptica deve manter um equilíbrio adequado. Uma poda disfuncional parece estar ligada a problemas psiquiátricos e neurodegenerativos. Se não ocorrer poda suficiente, o cérebro permanece hiperconectado, o que os estudos observam que ocorre em muitos casos de autismo. Por outro lado, muita poda interrompe a comunicação entre os neurônios, uma anormalidade encontrada no Alzheimer e na esquizofrenia.

**Figura 7**: A poda sináptica é um fenômeno normal do processo de maturação do cérebro, onde há eliminação de sinapses não utilizadas e permanência de circuitos neurais fortes, assim como perda de massa cinzenta.

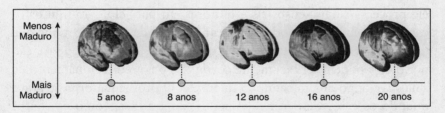

*Fonte:* Gogtay N, et al. Dynamic mapping of human cortical development during childhood through early adulthood. Proceedings of the National Academy of Sciences 101(21):8174-8179, (2004).

De qualquer modo, é o equilíbrio entre milhares de sinapses em potencial e a poda sináptica que caracteriza o cérebro na primeira infância, conferindo-lhe plasticidade excepcional. Por isso, esse é o período mais crítico para a aprendizagem. E embora a plasticidade cerebral aconteça ao longo de nossas vidas, crianças têm maior capacidade de aprender e reter informações. E como podemos construir e manter essas conexões que são relevantes durante a primeira infância e até mais tarde, na idade adulta? A neuroplasticidade envolve um princípio de "disparar juntos, ativar juntos": se certos neurônios continuarem disparando ao mesmo tempo, eventualmente eles desenvolverão uma conexão física e se tornarão estruturalmente associados. Essa plasticidade dependente de experiência significa que se você praticar algo consistentemente, como meditar, se exercitar ou aprender a tocar um instrumento, provavelmente alterará seu cérebro para associar partes relevantes à atividade. Seja você uma criança, um adolescente ou um adulto mais velho, ações, pensamentos (positivos e negativos) e comportamentos repetidos consistentemente podem formar novos caminhos neurais. Claro, crianças fazem isso de forma natural e fácil, mas adultos também são capazes, basta que estejam presentes os pré-requisitos necessários. Sobre como podemos mimetizar um ambiente neuroquímico propício à plasticidade no cérebro adulto, falaremos mais adiante.

Neuroplasticidade pode ainda ser um processo envolvido na recuperação de funções cerebrais perdidas em decorrência de lesões. O que torna o cérebro especial é que, ao contrário de um computador, ele processa sinais sensoriais e motores em paralelo. São muitos os caminhos neurais que podem replicar a função de outro, de modo que pequenos erros no desenvolvimento ou perda temporária de função por danos podem ser facilmente corrigidos pelo redirecionamento de sinais ao longo de um caminho diferente. O problema torna-se grave quando os erros de desenvolvimento são grandes, como os efeitos do vírus Zika no desenvolvimento do cérebro no útero, o resultado de uma pancada na cabeça ou após um AVE. No entanto, mesmo nesses exemplos, dadas as condições certas, o cérebro pode superar a adversidade para que alguma função seja recuperada.

A anatomia do cérebro garante que certas áreas tenham funções específicas. Isso é algo predeterminado pelos genes. Por exemplo, existe uma área do cérebro dedicada ao movimento do braço direito. Danos a esta parte do cérebro irão prejudicar o movimento do braço direito. Mas como uma parte diferente do cérebro processa a sensação do braço, você pode sentir o braço, mas não pode movê-lo. Esse arranjo "modular" significa que uma região do cérebro não

NADA DE PALAVRAS CRUZADAS!

relacionada à sensação ou à função motora não é capaz de assumir um novo papel. Em outras palavras, a neuroplasticidade é um fenômeno incrível, mas não perfeito. Ou seja, neuroplasticidade não é sinônimo de que o cérebro é infinitamente maleável.

Parte da capacidade do corpo de se recuperar após danos ao cérebro pode ser explicada pela melhora da área danificada no cérebro, mas a maior parte é resultado da neuroplasticidade — formação de novas conexões neurais. Em um estudo de *Caenorhabditis elegans*, um tipo de nematoide usado como organismo modelo em pesquisas, descobriu-se que a perda do sentido do tato aumentava o sentido do olfato. Isso sugere que perder um sentido reconfigura outros (CUENTAS-CONDORI; MILLER, 2020). É sabido que, em humanos, perder a visão no início da vida pode aumentar outros sentidos, especialmente a audição. Como no bebê em desenvolvimento, a chave para o desenvolvimento de novas conexões é o enriquecimento ambiental, que se baseia em estímulos sensoriais (visuais, auditivos, táteis, olfativos) e motores. Quanto mais estimulação sensorial e motora uma pessoa receber, maior a probabilidade de ela se recuperar de um posterior trauma cerebral. Por exemplo, alguns dos tipos de estimulação sensorial usados para tratar pacientes com AVE incluem treinamento em ambientes virtuais, musicoterapia e prática mental de movimentos físicos. Se o cérebro adulto retém grande capacidade de sinaptogênese é discutível, mas poderia explicar por que o tratamento agressivo após um AVE parece reverter o dano causado pela falta de suprimento de sangue para uma área do cérebro, reforçando a função de conexões não danificadas.

No entanto, resta ainda uma dúvida: se o cérebro é tão plástico, por que nem todos os que sofrem lesões, como acidentes vasculares, recuperam totalmente suas funções? Ou seja, o que limita a neuroplasticidade? A resposta é que depende da idade (cérebros mais jovens têm mais chances de recuperação), do tamanho da área danificada e, mais importante, dos tratamentos oferecidos durante a reabilitação.

Independentemente da neuroplasticidade estar relacionada a lesões ou aprendizado, é importante lembrar que os comportamentos que adotamos em nossa vida cotidiana são essenciais para proporcionar mudanças, pois cada um deles está mudando o cérebro a todo instante.

## Neuroplasticidade molecular

Como neuroplasticidade abrange o modo como neurônios se adaptam a novas circunstâncias, gerando novas sinapses e reorganizando antigas, no caso de aprendizado ou lesões, ou enfraquecendo-as, nos casos de estresse, pesquisadores começaram a suspeitar que proteínas diretamente implicadas no crescimento e na sobrevivência de neurônios pudessem ter papel fundamental na plasticidade neural.

De fato, estudos mostram que a disponibilidade dessas proteínas, chamadas de fatores neurotróficos, determinam a meia vida de um neurônio. Quando um neurônio obtém uma quantidade adequada dessas proteínas durante o desenvolvimento, ele sobrevive, enquanto os neurônios que não recebem o suficiente morrem. Dentre as neurotrofinas mais importantes está o fator neurotrófico derivado do cérebro (BDNF, na sigla em inglês). O BDNF é considerado um dos principais fatores envolvidos no crescimento, na sobrevivência e na plasticidade dos neurônios. É secretado principalmente em áreas do cérebro relacionadas ao aprendizado, memória e controle emocional e atua de várias maneiras para facilitar a neuroplasticidade: 1) promovendo o crescimento de novos neurônios e prolongando a sobrevivência de neurônios existentes, contribuindo para a manutenção e a regeneração do sistema nervoso; 2) induzindo a formação de novas sinapses e fortalecendo as existentes; 3) permitindo que as sinapses se tornem mais sensíveis às mudanças na atividade neural, facilitando a adaptação rápida; e 4) promovendo o crescimento de dendritos (ramificações dos neurônios) e a formação de novas ramificações, resultando em maior complexidade estrutural dos neurônios e capacidade de processamento de informações (BASSI *et al.*, 2019).

A relação entre neuroplasticidade e BDNF é bidirecional. A atividade neural, o aprendizado e a exposição a novas experiências podem aumentar os níveis de BDNF no cérebro. Por sua vez, níveis mais elevados de BDNF facilitam a neuroplasticidade, permitindo que o cérebro se adapte e mude em resposta a estímulos e desafios. Além dos fatores relacionados ao aprendizado, altos níveis de BDNF também protegem o cérebro contra o aparecimento de transtornos psiquiátricos e doenças neurodegenerativas. Por isso, diversos estudos têm explorado a relação entre o BDNF e condições neurológicas, como transtornos de humor, doenças neurodegenerativas e lesões cerebrais. Os estudos com BDNF se tornaram um dos campos mais importantes da neurociência, ou seja, investigações com estratégias que aumentam o BDNF, e consequentemente a plasticidade neural, e circunstâncias que reduzem o BDNF, contribuindo para o aparecimento de doenças (CHAKRAPANI *et al.*, 2020).

**Figura 8**: Estruturas básicas de um neurônio: dendritos, axônio, corpo celular ou soma e bainha de mielina.

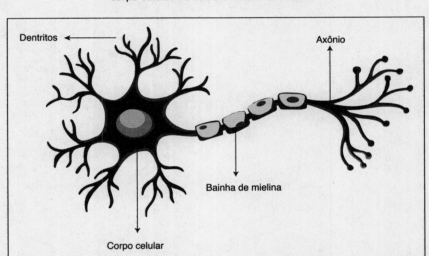

*Fonte:* Structure of neuron. BYJUS. Disponível em: https://byjus.com/biology/neurons/. Acesso em: 25 set. 2023.

Existe algo que podemos fazer para aumentar os níveis de BDNF e proteger o cérebro? Existe e é uma das coisas mais poderosas para aumentar a saúde cerebral. Discutiremos em detalhe no capítulo VII.

Manter níveis saudáveis de BDNF é benéfico e promove a saúde cerebral e a capacidade de adaptação do cérebro ao longo da vida.

explorado a relação entre o BDNF, a condições neurológicas e os transtornos de humor, dado o seu potencial terapêutico e efeitos benéficos. Os estudos sobre BDNF apontaram em dois campos mais importantes da pesquisa: com investigações com camundongos que aumentam o BDNF, e consequentemente a plasticidade neural, e em outra que reduzem o BDNF, contribuindo para o aparecimento de doenças (CHAKRAPANI, A., 2023).

Figura 8: Estrutura básica de um neurônio, destaque ao axônio, corpo celular ou soma e bainha de mielina.

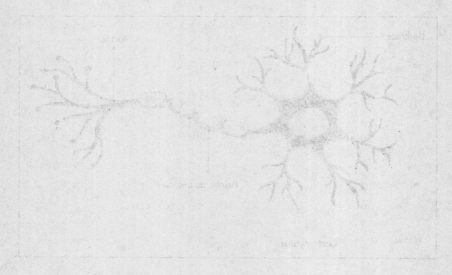

Font: Structure of neuron. IVY ROSE. Anatomy and human physiology: neurons. Always since, ser, 2023.

Existe algo que os cientistas têm para aumentar os níveis de BDNF e prolongar o cerebral. Existe e é uma das outras mais perigosas para aumentar a saúde cerebral. Pesquisadores da Universidade do Vale VII Março, novos saudáveis de BDNF e eschidos e promove a saúde cerebral, a capacidade de aprendizado e prevenir o envelhecimento cerebral.

# CAPÍTULO IV

# NEUROCIÊNCIA DA FELICIDADE

Já vimos o quanto o cérebro é plástico independentemente da idade. Mas será que é possível treinar o cérebro com estratégias que permitam o aumento das manifestações benéficas e a redução das negativas? Ou seja, é possível induzir plasticidade para felicidade?

A convergência de pesquisas neurocientíficas de ponta com a sabedoria de antigas tradições contemplativas sugere que a felicidade é um produto de habilidades que podem ser melhoradas através de treinamentos específicos, como o cultivo de emoções positivas, paz interior e pequenas atitudes altamente eficazes, que exemplificam como a transformação da mente afeta o cérebro. O objetivo aqui é ensinar, na prática, como a neurociência pode ajudar uma pessoa a ser mais equânime e feliz.

## O que é felicidade?

A felicidade tem sido, há muito tempo, tema de poemas, filmes, filosofia, arte e, recentemente, ciência. A temática de pesquisa "ciência da felicidade" consiste em identificar não só áreas do cérebro relacionadas às emoções positivas, mas estratégias de treinamento que nos permitem acionar tais áreas e remodelar nosso cérebro e comportamento. De acordo com o economista e ex-conselheiro do governo britânico Lord Richard Layard, que conduziu um estudo inovador

43

na Escola de Economia de Londres (LAYARD, 2006), grande parte do sofrimento humano advém dos problemas de relacionamentos e de doenças (mentais e físicas) ao invés de dinheiro e pobreza. O economista diz que o estudo, denominado "As origens da felicidade", mostrou que, apesar de um aumento na média dos salários ao redor do mundo nos últimos 50 anos, as pessoas se tornaram mais infelizes. O autor define felicidade como "sentir-se bem e gozar a vida". A ciência tem observado, cada vez mais, uma íntima relação entre o treinamento de determinados comportamentos e o aumento proposital de atividades em certas áreas do cérebro (neuroplasticidade). A definição de felicidade, segundo filosofias orientais como o budismo, conforme declaração do próprio Dalai Lama:

> Através da mobilização dos pensamentos e da prática de novos padrões de pensamento, podemos remodelar nossos neurônios e mudar a maneira como nossa mente trabalha. A felicidade é determinada muito mais pelo estado mental do que por eventos externos (LAMA, 2020).

Para entender como treinar o cérebro com estratégias que permitam o aumento de emoções positivas e a redução de afetos negativos, é preciso primeiro compreender seus modos de funcionamento ou operacionais.

## Modos operacionais cerebrais

O cérebro humano foi desenvolvido em três estágios, que estão associados às fases evolutivas de répteis, mamíferos e primatas. Esses três "tijolos de construção" ou camadas foram sendo adicionados de baixo para cima, respeitando a evolução dessas classes: tronco, subcórtex (emoção, motivação e conexões sociais) e córtex (raciocínio abstrato, reflexão, atenção, habilidades sociais, empatia, planejamento, linguagem etc.). Ao mesmo tempo, também foi sendo desenvolvido o SNA (sistema nervoso autônomo) junto com o importante nervo vago e as ramificações para o sistema nervoso parassimpático (SNP — ramificação mais antiga), simpático (SNS — ramificação mais nova)

NEUROCIÊNCIA DA FELICIDADE

e a mais recente ramificação do nervo vago, que suporta o sistema de engajamento social, exclusivo dos mamíferos. À medida que o cérebro foi evoluindo, foram desenvolvidas também capacidades para que pudessem ser preenchidas nossas três necessidades mais básicas — segurança, satisfação e conexão — através dos três sistemas, cujos objetivos são: evitar algo prejudicial (segurança), abordar a recompensa (satisfação) e se conectar a outros indivíduos (conexão). Nosso cérebro está, a todo tempo, tentando preencher essas três necessidades. Por exemplo, quando evitamos passar num sinal vermelho (segurança), no restaurante, ao escolhermos algo que seja bom (recompensa) ou quando ligamos para um amigo (conexão). Para preencher as necessidades básicas à manutenção da vida e à perpetuação da espécie, o cérebro responde a dois sistemas operacionais: o modo responsivo e o reativo. Cada sistema operacional tem seu conjunto de habilidades, atividades mentais e comportamentos.

Imagine um dia bom: você acorda se sentindo bem, toma café, planeja seu dia deitado na cama levemente relaxado e vai para o trabalho, sem deixar que o tráfego pesado e os outros motoristas o perturbem. Você pode não estar 100% satisfeito com seu trabalho, mas hoje você tenta enfatizar a sensação de que alcançou algo, de que completará suas tarefas. No caminho de volta, seu parceiro(a) pede que compre ovos. Não é o que mais gosta de fazer depois de um dia de trabalho, mas você lembra que são só alguns minutos que perderá. Então, chega em casa e espera pelo seu programa preferido de televisão. Agora imaginemos o mesmo dia numa abordagem completamente diferente. Ao acordar, você logo se lembra que deve seguir para um trabalho insatisfatório. No caminho, se depara com tráfego pesado e lentidão, aumentando a ansiedade e o estresse. Depois de um dia fazendo o que não gosta, seu parceiro(a) ainda precisa que passe em um mercado, provavelmente lotado, o que o deixa mais irritado.

Nesses dois dias imaginários, as mesmas coisas aconteceram, a única diferença foi a maneira como o seu cérebro lidou com as situações, utilizando, na primeira situação o modo responsivo e, na segunda, o reativo. Quando nos sentimos seguros, o sistema que evita o prejuízo entra no modo responsivo, trazendo calma, paz e relaxamento. Quando nos sentimos satisfeitos, o sistema que aborda o

BEM-ESTAR COM NEUROCIÊNCIA

prazer muda para o modo responsivo, trazendo os sentimentos de gratidão, alegria e contentamento. E quando nos sentimos conectados, o sistema que se liga a outros também muda para o modo responsivo, evocando intimidade, compaixão, gentileza e amor. Esse modo operacional é chamado de "cérebro verde", no qual preenchemos nossas necessidades sem que estas se tornem agentes estressores. Quando nosso cérebro não é perturbado por ameaça, perda ou rejeição, ele reside no modo responsivo, envolvendo neurotransmissores, como ocitocina, serotonina e opioides, e regiões como o córtex cingulado subgenual e o SNP. A boa notícia é que essa é a nossa casa. É isso que somos essencialmente. Quando o cérebro está no modo responsivo, ele diz ao corpo para conservar energia e se autorreparar. Nossos ancestrais desenvolveram esse modo para prevenir, gerenciar e se recuperar de momentos de estresse. Por exemplo, endorfinas e óxido nítrico, que são liberados quando esse modo entra em ação, ajudam a matar micro-organismos, aliviam a dor e reduzem a inflamação. Esse modo salutogênico promove boa saúde. O modo responsivo evoluiu para ser prazeroso, para que nossos ancestrais fossem motivados a procurá-lo. Quando esse modo entra em ação, o hipotálamo se torna menos ativo, reduzindo as sensações de falta, pressão e demanda e, consequentemente, preocupações, irritabilidade, decepções e dor. À medida que nos sentimos mais seguros e fortes, realizados, respeitados e gratos, conseguimos ser mais compassivos e generosos e as necessidades mais básicas passam a ser preenchidas. Assim, o estado natural de repouso, o modo responsivo, é a base para a recuperação psicológica, o bem-estar, a saúde, as relações positivas e todo o potencial humano. E cada vez que damos mais importância às experiências positivas, fortalecemos os substratos neurais desse modo operacional (HANSON; MENDIUS, 2012).

Por outro lado, há um modo que evoluiu para manter nossos ancestrais vivos quando ameaçados ou rejeitados: o modo reativo. Sistemas neurais múltiplos estão constantemente escaneando qualquer sensação de algo errado, qualquer sensação de não estarmos preenchendo as necessidades básicas — segurança, satisfação e conexão. Enquanto o modo responsivo é estado de repouso, o viés negativo nos torna vulneráveis a sermos perturbados e colocados no modo reativo. Quando

NEUROCIÊNCIA DA FELICIDADE

nos sentimos apreensivos, exasperados, empurrados em direções diferentes, rejeitados ou criticados, isso perturba o equilíbrio saudável do modo responsivo e engatilha o modo reativo, o chamado "cérebro vermelho", que evoluiu para ajudar nossos ancestrais a escapar de predadores, achar comida e proteger os filhotes a todo custo. Na zona vermelha, a amígdala manda uma mensagem de alarme para o hipotálamo, e este libera diferentes hormônios (ou induz outras glândulas a produzir hormônios) relacionados ao estresse, ativando o sistema nervoso simpático (SNS), o eixo HPA e mantendo-nos superalertas. É a famosa reação de luta ou fuga, ou resposta ao estresse. Esses mesmos circuitos neurais que nossos ancestrais usavam para sobrevivência são ativados no cérebro quando nos preocupamos com dinheiro, trabalho, pressões diversas ou dores. Quando esse estado perturbado — alostático — é crônico, as fontes corporais se exaurem, o sistema imunológico fica em suspensão, a adrenalina e o cortisol inundam a corrente sanguínea e na nossa mente permanecem apenas medo, frustração e ansiedade. O modo reativo foi feito para durar pouco, devendo retornar rapidamente ao nosso estado de repouso. Por mais desagradáveis que sejam essas experiências, contanto que sejam rápidas e infrequentes, elas não terão consequências duradouras.

Mas, infelizmente, muito da vida moderna viola esse modelo antigo. Mesmo que a maioria das pessoas não seja exposta a pressões intensas de fome, predação e conflitos letais, lidamos constantemente (e a palavra-chave aqui é constantemente) com estressores moderados, como fazer muitas coisas simultaneamente, processar uma enorme quantidade de informações e estimulações ao mesmo tempo, correr para lá e para cá e trabalhar longos períodos, com quase nenhum tempo de recuperação entre essas atividades. As sensações desagradáveis do cérebro vermelho são um sinal de que devemos fugir desse modo, quando é crônico, o mais rápido possível, assim como evitá-lo, se possível. O fardo cumulativo das experiências reativas (carga alostática) tem efeitos desastrosos sobre o corpo e o cérebro. É isso que chamamos de estresse de longo prazo ou crônico. Mas, atenção, existem outros tipos de estresse. Alguns podem até ser benéficos. Os efeitos do estresse no corpo serão positivos se forem preenchidos os seguintes pré-requisitos: deve ser agudo, deliberado e controlado.

**Figura 9**: A resposta ao estresse abrange a ativação do sistema nervoso simpático e como consequência a liberação de adrenalina e noradrenalina e a do eixo HPA (hipotalâmico-pituitário-adrenal). O eixo HPA é uma via fisiológica que envolve a resposta a estressores agudos e a liberação de uma série de hormônios e neuroesteroides que permitem ao indivíduo reagir apropriadamente.
Quando o estresse ocorre, o hipotálamo libera fator de liberação de corticotrofina (CRF) na hipófise anterior, que por sua vez libera hormônio adrenocorticotrófico (ACTH) na corrente sanguínea. Este último interage com as glândulas adrenais, nos rins, promovendo a síntese do cortisol (glicocorticoides).

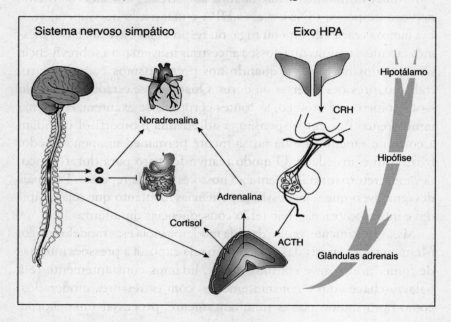

*Fonte:* elaborada pela autora.

Sobre estresse agudo, positivo e estresse crônico, prejudicial, discutiremos melhor a seguir.

## Estresse: o inimigo da felicidade e do bem-estar

Estresse, como vimos, é um desequilíbrio homeostático, cuja função principal é ativar ou desligar sistemas no corpo. É caracterizado pela ativação de uma rede de neurônios que se estende da clavícula à lombar. Esses neurônios da cadeia simpática se ativam juntos, como um efeito dominó (*simpa* significa juntos, de uma vez), liberando acetil-colina e norepinefrina e induzindo reações corporais bem conhecidas. Todos os animais possuem a mesma reação ao estresse; quando estão fugindo de um predador, quando são o predador, quando têm fome ou estão na iminência de serem devorados. Mas nós, *Homo sapiens*, somos os únicos capazes de ativar a resposta ao estresse por razões puramente psicológicas. As respostas fisiológicas são as mesmas, independente da espécie. Se o organismo precisa sobreviver à crise iminente, existem providências a serem tomadas e uma das principais é a de cancelar projetos a longo prazo. O estresse faz com que tudo seja adiado: recuperação, aprendizado, reprodução, crescimento, função imunológica — "é uma emergência, não pense nisso agora, faça depois", diz o corpo. Mas, se todo dia é uma emergência, você acaba pagando o preço.

A curto prazo, diante de uma ameaça real e respeitando a fórmula evolutiva (rápida e infrequente), a resposta ao estresse é útil. O corpo reage, se prepara para lutar ou fugir: mobiliza energia, promove taquicardia, aumenta a pressão arterial e a atividade do sistema imunológico, reduz atividades relacionadas ao crescimento, digestão e reprodução, aumenta a atividade da amígdala e a função cognitiva (alerta e atenção). A longo prazo e frequente, no entanto, os efeitos são altamente prejudiciais: redução de libido, estrogênio, progesterona, testosterona, supressão do sistema imunológico, hiper-tensão, doença cardiovascular, redução drástica de massa muscular, aterosclerose, nanismo psicossocial, osteoporose, diminuição da plas-ticidade neuronal e redução significativa da dopamina (depressão) (SAPOLSKY, 2004). É como se o corpo fosse parando aos poucos... "amanhã fazemos, amanhã...". Esse tipo de estresse pode durar dias, semanas ou meses e acaba tendo um impacto profundamente negativo em todo o corpo.

Será que então estamos fadados a uma vida de estresse contínuo? Existem estratégias realmente eficazes e baseadas em evidência para a redução do estresse? Uma das coisas mais importantes nesse geren-ciamento é o desenvolvimento da capacidade de aumentar o limiar ao estresse ou acostumar o corpo ao mesmo ambiente fisiológico que você experimentaria durante o estresse, mas sem a ameaça real. Em termos neurocientíficos, significa aumentar a exposição à adrenalina e à noradrenalina mantendo a clareza mental, o que chamamos de resiliência fisiológica por estresse agudo autoinduzido ou eustresse. Mas, lembre-se do que você leu há algumas linhas: para que o efeito seja positivo, o estresse agudo precisa ser deliberado e controlado.

E olha que interessante: estresse agudo é ativado para fazer você lutar não só fisicamente, afinal, nosso organismo também precisa estar preparado para enfrentar vírus e bactérias. Assim, durante o estresse agudo, o aumento nos níveis de adrenalina induz o baço a produzir células NK (*natural killers*), melhorando a resposta do sistema imunológico. Quando o estresse agudo é autoinduzido (eustresse), apresenta uma qualidade diferente que leva a consequências benéficas. A liberação de adrenalina e noradrenalina sem o aumento do cortisol permite aprender a manter clareza mental (e calma) enquanto o corpo experimenta o estresse. Assim, vamos aos poucos aprendendo a controlar o comportamento, criando resiliência fisiológica com repercussões físicas e mentais (SAPOLSKY, 2004).

E quais estratégias induzem estresse agudo (benéfico) e ajudam na regulação a longo prazo do estresse involuntário crônico?

Imersão no gelo/exposição ao frio, respiração acelerada e treinamento de alta intensidade são algumas das estratégias que aumentam de forma saudável os níveis de cortisol e adrenalina. As consequências incluem aumento nos níveis de atenção, alerta e energia e na atividade do sistema imunológico, como mencionado.

O cortisol atravessa a barreira hematoencefálica e se liga a inúmeros receptores no cérebro, mas a adrenalina não. Exatamente por esse motivo, há uma área própria no cérebro, o *locus coeruleus*, para produção de adrenalina. Nesse caso, noradrenalina. Isso significa que é possível experimentar estresse corporal e calma mental ao mesmo tempo. O corpo está em estado de alerta e prontidão enquanto a mente se mantém calma. Com essas práticas, há liberação de adrenalina e cortisol das glândulas adrenais, mas pouquíssima liberação de noradrenalina do cérebro. Assim, você vai criando resiliência mental e

**Figura 10**: *Locus coeruleus,* área no tronco encefálico produtora de noradrenalina.

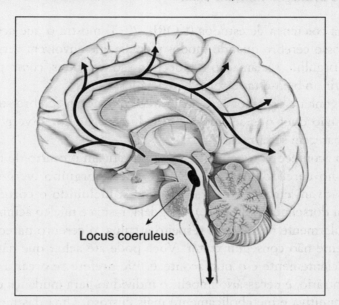

*Fonte:* LABLAND. Locus Coeruleus. Disponível em: https://www.emoryhealthsciblog.com/tag/locus-coeruleus/. Acesso em: 25 set. 2023.

ensinando o cérebro a regular o estresse quando este aparecer devido às circunstâncias da vida.

Mas e se você precisa reduzir a reação do estresse involuntário em tempo real? Se está discutindo com alguém, brigando no trânsito, sendo repreendido pelo chefe, chorando... o que fazer nestes momentos? Uma coisa é certa: não adianta dizer para si mesmo ou para o outro "se acalme". É muito difícil controlar a mente com a mente. É preciso usar ferramentas no corpo que estejam em linha direta com o sistema nervoso autônomo. Algumas práticas de respiração, como a respiração lenta e profunda, a respiração da caixa e o chamado suspiro fisiológico, são as estratégias com mais evidência científica para redução imediata do estresse involuntário. Falaremos sobre elas e a relação entre respiração e estado mental mais adiante.

## Outros inimigos do bem-estar

Uma coletânea de estudos (KORB, 2015) mostra o que acontece com nosso cérebro quando modos mentais que envolvem vergonha, culpa, orgulho, reclamação e indecisão são evocados, como podem interferir no bem-estar e como gerenciá-los.

Vergonha e orgulho: às vezes, parece que nosso cérebro simplesmente não quer que sejamos felizes. Já reparou como vergonha e culpa parecem ser atraentes?

Isso acontece porque tais sentimentos ativam o centro de recompensa no cérebro. Apesar das diferenças, orgulho, vergonha e culpa ativam circuitos neurais similares, incluindo o córtex pré-frontal dorsolateral (CPFDL), amígdala, ínsula e núcleo acumbente. Particularmente no que diz respeito à culpa, o cérebro parece simplesmente não conseguir evitar. Você pode até achar que não, mas inconscientemente é o que acontece. Ele prefere reforçar a culpa. Do contrário, é necessário impelir o indivíduo para mudança e ação, algo cognitiva e metabolicamente mais custoso. Uma das melhores soluções para impedir que esses sentimentos prejudiquem o bem-estar é evocar outro igualmente poderoso, a gratidão. Gratidão ativa os sistemas dopaminérgicos no tronco encefálico e serotoninérgico no córtex cingulado anterior, forçando-nos a enfatizar aspectos positivos da vida.

Indecisão: Já teve a sensação de que, após tomar uma decisão, você finalmente deu paz para o seu cérebro? Não é por acaso. Tomar uma decisão realmente ajuda a resolver o problema. O ato inclui a criação de intenções e o estabelecimento de metas, de modo que todas as partes de um mesmo circuito neural, no córtex pré-frontal (CPF), se engajam de modo positivo, reduzindo a preocupação e a ansiedade. Tomar decisões também diminui a atividade do estriado, que normalmente "nos empurra" em direção a impulsos negativos e rotinas. Além disso, tomar decisões muda a percepção do mundo, aumentando a flexibilidade cognitiva (procura por soluções) e reduzindo a atividade do sistema límbico. Entretanto, tomar as melhores decisões é algo difícil. Então, que tipo de decisões devemos tomar? Simplesmente, uma boa o bastante. Suar a camisa tentando tomar a

NEUROCIÊNCIA DA FELICIDADE

**Figura 11**: Vias dopaminérgicas e serotoninérgicas no tronco encefálico. A área tegmental ventral e a substância negra são locais produtores de dopamina e os núcleos da rafe, de serotonina.

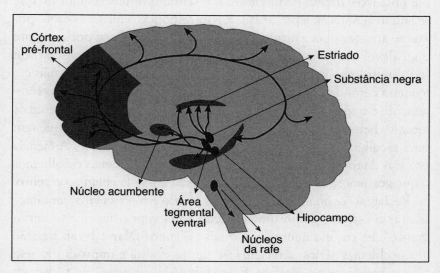

*Fonte:* Adaptado de Sirgy, M..(2019). Positive balance: a hierarchical perspective of positive mental health. Quality of Life Research. 28.

decisão 100% melhor pode ser contraproducente, pois a tentativa de perfeição leva ao estresse e nos faz sentir fora de controle. A tentativa de perfeição leva ao aumento exagerado de atividade do córtex pré-frontal ventrolateral (CPFVL) apenas para o processo de tomada de decisão. Em contraste, reconhecer que "bom o bastante" é "bom o bastante" ativa mais as áreas dorsolaterais do córtex pré-frontal, que nos faz sentir mais em controle. Então, ao tomar uma decisão boa o bastante, o cérebro percebe que tem o controle, e isso reduz o estresse e aumenta a atividade no sistema de recompensa (prazer). Tomemos como exemplo a cocaína. Em um estudo recente (SWEIS; REDISH; THOMAS, 2018), pesquisadores do Departamento de Psicologia da Universidade de Minnesota deram a dois ratos injeções de cocaína. O rato A tinha que puxar uma alavanca. O rato B não precisava fazer nada. Alguma diferença? Apenas o rato A experimentou aumento significativo de dopamina no sistema de recompensa. Qual a explicação para essa diferença? Quando tomamos uma decisão baseada em um objetivo e depois o atingimos, nos sentimos muito melhor do que se aquilo acontecesse por acaso. E isso responde o mistério sobre por que se arrastar para a academia é tão difícil. Se você vai porque sente que "deve" ou "precisa", então não é bem uma decisão voluntária, e seu cérebro não experimenta prazer, apenas estresse. E essa não é a maneira certa de construir um bom hábito de exercício. O mais interessante é que se você se força a fazer exercícios, não experimenta os mesmos benefícios (talvez não de forma tão significativa), porque sem uma escolha o exercício também é uma fonte de estresse. A ciência por trás da tomada de decisão nos ensina que não apenas escolhemos o que gostamos, mas gostamos de escolher, e isso faz bem ao cérebro.

Reclamação: quando as coisas dão errado em nossa vida, tentamos liberar o estresse como uma chaleira solta vapor. Enquanto certamente existem momentos nos quais devemos falar e levar atenção aos problemas sérios, a reclamação desnecessária e improdutiva tem efeitos negativos no cérebro. E os efeitos das pessoas que reclamam se espalham como gripe. Estudos mostram que reclamar não só tem impacto sobre como o córtex processa a informação, mas tem também um efeito físico, destruindo neurônios do hipocampo (BREMNER, 2006). Apenas alguns dias de reclamação e estresse têm efeito duradouro na capacidade de plasticidade e neurogênese dos neurônios hipocampais, resultando em perda de volume da estrutura e declínio cognitivo. Mas reclamar dá uma sensação boa, não é? Isso porque reclamar funciona como um músculo. Quanto mais você reclama, mais esses circuitos ficam fortalecidos, facilitando o processamento da informação. Antes mesmo de notarmos, a reclamação se torna um hábito tão fácil que começamos a fazê-lo inconscientemente, sem registrar o comportamento.

Muitos autores afirmam que a felicidade não é um contínuo, mas feita de momentos e experiências. A ciência vem demonstrando que nossos pensamentos, ações e comportamentos são capazes de alterar o cérebro (neuroplasticidade), tornando esses momentos frequentes e duradouros em nossas mentes, alterando de modo significativo a maneira como percebemos nós mesmos, os outros e o mundo.

NEUROCIÊNCIA DA FELICIDADE

Nosso nível de bem-estar e felicidade é o resultado de uma complexa interação entre genes, comportamentos e contexto. Mesmo que cada um de nós tenha uma espécie de "teto genético" para a felicidade, como acontece com o peso corporal, temos também a habilidade de o alterar, e essa é a contribuição mais significativa da ciência da felicidade: a descoberta de que, com conhecimento e estratégias, temos o poder de melhorar os níveis de bem-estar através da escolha de pensamentos, comportamentos e ações.

Quando nossos pensamentos são conscientes, alterá-los, embora requeira esforço, é mais fácil. Mas como mudar padrões cognitivos inconscientes? O primeiro passo é através do conhecimento. E aqui a neurociência pode ser a melhor aliada, trazendo à luz padrões cerebrais inconscientes, moldados por milhares de anos de evolução, de cujos mecanismos de autossabotagem jamais teríamos conhecimento não fossem as descobertas científicas. Somente depois, com o conhecimento sobre estas dinâmicas cerebrais em mãos, podemos influenciar ações e pensamentos para experimentar mais bem-estar. É sobre padrões cognitivos inconscientes que contribuem para o aparecimento de sentimentos negativos que discutiremos no próximo capítulo.

# CAPÍTULO V

# FOMOS FEITOS PARA PROCRIAR (E NÃO PARA SERMOS FELIZES): AUTOSSABOTAGEM X AUTOCONHECIMENTO

Em 2 milhões de anos, o cérebro humano quase triplicou sua massa. Quando cérebros triplicam em tamanho, ganham novas estruturas. Nesse caso, um enorme córtex pré-frontal. Dentre suas muitas funções, uma das mais importantes é a de ser um simulador de experiências. Você não precisa viver a experiência para saber se ela será boa ou ruim. Não é necessário experimentar uma torta doce com carne para saber que será horrível (?). É uma adaptação maravilhosa. O problema é que esse simulador tende a funcionar mal, nossa incrível capacidade de divagação nos leva à terra da infelicidade: passado ou futuro. Dificilmente nos mantemos no momento presente, e isso é prejudicial, como veremos mais adiante.

Por outro lado, temos (ainda bem!) um tipo de sistema imunológico psicológico, que conduz seus processos, principalmente inconscientes, auxiliando-nos a mudar nossas visões de mundo. Ou seja, produzimos felicidade, como mencionado anteriormente. Felicidade natural é o que obtemos quando conseguimos o que queríamos; felicidade produzida é o que criamos quando não temos o que queríamos, e ela é tão durável e real quanto a primeira. Felicidade produzida não é de qualidade inferior. Na verdade, as evidências mostram exatamente o contrário, como já vimos. Por que temos essa crença? Pense. Que tipo de máquina econômica continuaria trabalhando se acreditássemos que não ter o que queremos poderia nos fazer tão felizes quanto ter? Reflita sobre essa frase. Pete Best era o baterista original dos Beatles, até que o dispensaram em uma turnê. Em 1994, quando foi entrevistado, disse: "eu sou mais feliz do que se estivesse com os Beatles". Certamente ele teve que mudar crenças e padrões de pensamentos para lidar com possíveis frustrações e isso requer enorme habilidade. Habilidades treináveis, ainda bem. No entanto, para que possamos desenvolvê-las, é preciso conscientizarmo-nos das dinâmicas cerebrais inconscientes que tendem a induzir emoções negativas e a reduzir os níveis de bem-estar.

## Terra da infelicidade

As dinâmicas cerebrais inconscientes funcionam de modo a nos fazer pensar que certos objetos, comportamentos e circunstâncias nos farão mais felizes que outros, o que não acontece. Por mais contraditório que pareça, é assim que o cérebro funciona. Aqui estão algumas delas (e eu tenho certeza de que você vai se identificar):

1. *Negatividade inata*: suponha que você tenha feito, de forma bem-sucedida, vinte coisas durante o seu dia. E cometeu um erro. O que provavelmente vai ficar na sua cabeça o dia todo até a hora de dormir? O erro, não é? Mesmo tendo sido uma parte quase insignificante do seu dia. Não, você provavelmente não é diferente, negativo ou pessimista além do normal. A razão para esse comportamento está na evolução do cérebro. Nossos antepassados caçadores tinham que gerenciar bem os desafios de sobrevivência, como a probabilidade de ser atacado ou devorado por predadores — muito diferentes dos nossos.

A regra número um nas savanas era: coma o almoço hoje, não seja o almoço hoje. Por isso, durante milhares de anos, foi uma questão de vida ou morte prestar atenção extra às ameaças e aos erros, lembrá-los bem, reagir com intensidade e, com o tempo, se tornar mais sensível a eles. Consequentemente, o cérebro desenvolveu um viés negativo embutido. E embora tenha emergido em um ambiente duro e muito diferente do nosso, esse viés continua operando em nós quando realizamos nossas tarefas diárias e nos relacionamos com outros.

FOMOS FEITOS PARA PROCRIAR (E NÃO PARA SERMOS FELIZES)

Ou seja, o cérebro tem uma prontidão inata para o negativo, que ajuda na sobrevivência. E sabe aquela sensação de que mesmo estando relaxados e felizes, no fundo da mente há uma concomitante inquietude e insatisfação? Não, mais uma vez, você não é pessimista ou "tá tudo bom demais para ser verdade". Nada disso. É que, mesmo nessas circunstâncias, o cérebro permanece vigilante, monitorando perigos em potencial, desapontamentos e questões interpessoais.

Portanto, você pode até ser pessimista ou negativo além da conta, mas na maioria das vezes é apenas o modus operandi normal do cérebro.

2. *Focalismo:* muito frequentemente nossas intuições estão incorretas, especialmente sobre o que nos fará felizes (você acha que se ficar paraplégico, sua vida vai acabar e se receber uma herança, será muito feliz, mas não é bem). Isso se chama focalismo, você enfatiza o evento principal e ignora todo o resto, mas a vida continua, e então as coisas acabam não sendo tão ruins ou tão boas como pareciam.

3. *Pontos de referência:* nossas mentes não pensam de modo absoluto, mas relativo, e sempre em relação a pontos de referência, cujos filtros atuam de maneira duvidosa. O problema é que nosso cérebro não utiliza referências razoáveis. Esses pontos de referência afetam nosso julgamento de felicidade, como no conhecido fenômeno da medalha de prata. Em um estudo feito durante a premiação dos Jogos Olímpicos de 1992, em Barcelona, Medvec, Madey e Gilovich (1995) constataram que os medalhistas de bronze sorriam mais e estavam mais felizes que os de prata. Os medalhistas de prata disseram que poderiam ter levado o primeiro lugar, enquanto os de bronze ponderaram sobre as chances de perder a medalha e não estarem no pódio.

**Figura 12**: O fenômeno da medalha de prata descreve maior insatisfação do medalhista de prata comparado ao de bronze.

*Fontes:* FINSHIKSHA. Are Bronze Medal Winners happier than Silver Medal Winners? Disponível em: https://finshiksha.com/newsletter/are-bronze-medal-winners-happier-than-silver-medal-winners/. Acesso em: 25 set. 2023.

Quando trabalhadores insatisfeitos com seus salários tinham a possibilidade de um aumento substancial, contanto que seus colegas também o recebessem, Clark e Oswald (1996) observaram que eles continuaram infelizes. Kuhn *et al.* (2011) observaram um aumento expressivo na venda de carros de luxo em bairros onde habitavam ganhadores da loteria. Por último, o estudo de Yaple e Yu (2020) mostra que quando os sujeitos são (auto)comparados a indivíduos de maior *status* econômico e social, áreas do cérebro relacionadas a eventos desagradáveis são ativadas (córtex cingulado e ínsula). Mas, quando comparados a indivíduos de menor poder aquisitivo ou social, as áreas ativadas estavam relacionadas ao sistema de recompensa\ prazer (estriado).

Perceberam o que está acontecendo? Esses pontos de referência são vieses e alteram nossa percepção de felicidade. Nem é preciso dizer como essa situação piorou vertiginosamente com as mídias sociais. Não é à toa que estamos tão disfuncionais mentalmente. A solução aqui é, ao invés de nos torturarmos com inúmeras comparações sociais, compararmo-nos com nós mesmos no passado e alegrarmo-nos com a própria evolução.

4. *Miswanting e adaptação hedônica:* dinheiro, um bom emprego, o corpo perfeito, amor verdadeiro e coisas legais. Esses são os seis fatores da suposta felicidade. Essas predições erradas do que parece nos fazer mais felizes constituem o que Daniel Gilbert e Timothy Wilson (2000) chamam de *"miswanting"* (algo como "desejando as coisas erradas"). O problema aqui é que nossas mentes são projetadas para se acostumarem a tudo que é "material": coisas, objetos, pessoas. É a chamada adaptação hedônica e tem a ver com os picos de dopamina (discutidos anteriormente) relacionados à aquisição de objetos e comportamentos prazerosos realizados com muita frequência. Ao adquirirmos um ou vários desses seis fatores, percebemos que rapidamente se tornam o novo normal e, então, zeramos nossos pontos de referência (DI TELLA, NEW; MACCULLOCH, 2010). Ou seja, objetos levam à adaptação hedônica: você sempre vai querer mais. A euforia resultante da compra do último *Iphone* é exagerada e viciante (uma enxurrada de dopamina no centro de recompensa, lembra?). Bastam alguns meses para você não achar mais nenhuma graça no seu telefone novo e começar a desejar o modelo mais recente.

Mas, então, que tipo de aquisições nos trazem mais bem-estar? A resposta: experiências. Experiências anulam a adaptação hedônica, pois o cérebro entende que são temporárias e a liberação de dopamina é controlada, estável. Além disso, na maioria das vezes, experiências envolvem outras pessoas, e o fato de compartilharmos vivências as tornam ainda mais especiais e fortemente impressas na memória. Claro, existem exceções, mas nossos cérebros têm o mesmo *modus operandi* e a ciência nos mostra que se você passar a vida investindo mais em objetos do que em experiências, será difícil experimentar bem-estar e felicidade. Portanto, experiências. Experiências trazem felicidade, não objetos. A minha dica neurocientífica (e pessoal) é investir na experiência mais fantástica de todas: viajar. Viajar sempre.

## O que realmente nos faz felizes?

Entendemos um pouquinho sobre como o cérebro pode nos sabotar, achando que objetos podem nos fazer mais felizes. Mas tem mais: ele também costuma não dar a menor importância ao que realmente nos trará bem-estar. E o que de fato nos traz felicidade e bem-estar? A resposta é muito mais simples e econômica do que imaginamos.

### 1. *Gentileza gera gentileza que gera bem-estar*

Sabe aquele sentimento gostoso que emerge quando somos gentis? É bom, né? A culpa é da liberação controlada de dopamina que transborda o sistema de recompensa durante atos de gentileza. Com o tempo, esses circuitos neurais se fortalecem e se tornam traços. Assim, ser gentil nos traz automaticamente bem-estar.

Pessoas mais felizes pensam mais frequentemente em fazer gentilezas, têm motivações e comportamentos mais gentis do que pessoas infelizes. Apenas pensar em ações gentis nos torna mais felizes (OTAKE *et al.*, 2006). Lyubomirsky, King e Diener (2005) observaram que realizar cinco atos aleatórios de gentileza por dia, durante quatro semanas, diminui drasticamente os sintomas de depressão e ansiedade e aumenta os escores de felicidade e bem-estar. Ao envolvermos dinheiro, o efeito permanece. Dunn, Aknin e Norton (2008) constataram que, em um elegante estudo multicultural, ao gastarmos com outros, somos mais felizes. Não importa o valor dado e o quanto a pessoa pode aproveitar, o efeito é o mesmo.

A capacidade para gentileza, no entanto, depende de outras competências emocionais, como empatia e compaixão. São redes cerebrais com estruturação hierárquica complexa, envolvendo amígdala, neurônios-espelho, ínsula e giros cingulado anterior e médio. Compaixão e empatia, essenciais para se exercer gentileza, também ativam os sistemas de recompensa, que envolvem a área tegmental ventral, o núcleo acumbente e o córtex orbitofrontal. Ou seja, ser gentil faz bem ao outro e melhor ainda a si próprio. Pesquisas mostram que gentileza e componentes relacionados envolvem circuitos treináveis, resultando em plasticidade estrutural e funcional. Não é coincidência que as pessoas menos gentis (e isso também está relacionado ao modo de falar), também são as mais infelizes.

Gentileza gera gentileza, muda o cérebro, nos torna mais felizes e gera bem-estar no outro. O que pode ser melhor?

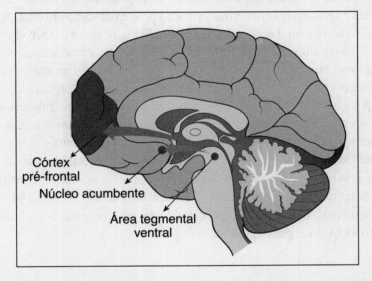

**Figura 13**: Córtex pré-frontal, núcleo acumbente e área tegmental ventral: algumas estruturas que fazem parte do sistema de recompensa, ativado por práticas de compaixão, gentileza e gratidão.

*Fonte:* Adaptado de NUTE-UFSC. Neurobiologia: mecanismos de reforço e recompensa e efeitos biológicos comuns às drogas de abuso. Disponível em: https://sgmd.nute.ufsc.br/content/portal-aberta-sgmd/e01_m03/pagina-02.html/. Acesso em: 25 set. 2023.

## 2. Pelo que sou grato?

Gratidão é um dos sentimentos mais poderosos e negligenciados quando o assunto é bem-estar. Induzir gratidão aumenta os níveis de dopamina no cérebro. Sentir-se grato por qualquer coisa ativa fortemente a área tegmental ventral (ATV), produtora de dopamina. Sentir-se grato especificamente em relação a outras pessoas aumenta a síntese de dopamina em circuitos sociais, tornando as interações menos ameaçadoras e mais agradáveis (ou seja, sentir-se grato também melhora as relações interpessoais). O outro efeito da gratidão é no sistema de serotonina. Tentar pensar em coisas pelas quais somos gratos nos força a enfatizar os aspectos positivos da vida. Essa simples ação aumenta a produção de serotonina no córtex cingulado anterior (CCA), uma área relacionada à atenção e à regulação emocional. Lembrar de ser grato é uma forma de inteligência emocional. Alguns autores explicam que procurar por algo pelo qual somos gratos afeta a densidade neuronal no córtex ventromedial (pré-frontal) (KINI *et al.*, 2016). Essas alterações sugerem que, à medida que a inteligência socio-emocional aumenta, esses circuitos se tornam mais eficientes. Assim, é preciso cada vez menos para sermos mais gratos, ou seja, apenas um pensamento sobre gratidão ativa todo o circuito, fortalecendo-o. Tais áreas, cujas alterações são mais significativas, são as mesmas responsáveis pela recompensa, cognição moral, julgamentos subjetivos de valores, justiça, autorreferência e tomada de decisão econômica.

A gratidão parece ser o fio fundamental que mantém unida a tapeçaria do nosso tecido social. O sentimento de gratidão nutre a saúde mental, fortalece as ligações sociais e seus benefícios parecem ir muito além do aspecto pessoal.

## 3. Conexões sociais e amizades

Somos os seres mais sociais da escala evolutiva e isso é evidenciado pela proporção quantitativa entre tamanho do córtex e grupo social. Mas por que temos uma necessidade tão intrínseca de contato social?

Nós, *Homo sapiens*, chegamos aonde estamos exatamente porque somos seres sociais. Não temos armamentos ou defesas formidáveis, não somos a espécie mais forte ou a maior, mas, mesmo assim, somos incrivelmente bem-sucedidos. Esse sucesso não se deve apenas a um cérebro mais adaptado ao comportamento, mais habilidoso em formular pensamentos abstratos ou ferramentas, mas à nossa

**Figura 14**: Gráfico com modelo de Dunbar mostrando a correlação entre tamanho do córtex e grupo social ou socialização.

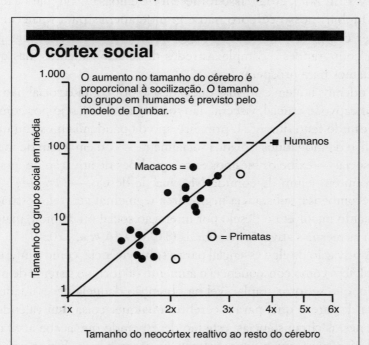

*Fonte:* Adaptado de: Dunbar RI. The social brain hypothesis and its implications for social evolution. Ann Hum Biol. 2009 Sep-Oct;36(5):562-72.

capacidade de formar relações duradouras. O estudo clássico de Dunbar (2009) em primatas mostrou que a razão entre o tamanho do neocórtex e o resto do cérebro aumenta com o aumento do grupo social, atingindo um pico em nós, humanos. Esse trabalho deu origem à hipótese do "cérebro social": o tamanho relativo do neocórtex foi expandindo à medida que os grupos sociais foram aumentando, como uma consequência da necessidade de manter um conjunto de relações complexas e essenciais para uma coexistência estável. Em 2010, esse mesmo grupo de pesquisa observou que o tamanho da rede social de cada indivíduo está linearmente relacionado ao volume do córtex orbitofrontal (uma região cerebral logo atrás dos olhos) (POWELL *et al.*, 2012). Isso fornece forte embasamento para a teoria de Dunbar: nosso cérebro não é grande apenas para fornecer um poder computacional que nos tire de situações difíceis, mas para lidar com grandes e complexas redes de relacionamentos, nas quais confiamos para prosperar.

Podemos ir além e afirmar que o desejo por contato social não é só significativo, é crucial, visceral, tão forte quanto o desejo por comida. Um estudo feito durante o primeiro ano da pandemia mostrou que o cérebro de indivíduos isolados socialmente — ou em jejum de interação social — exibe os mesmos exatos padrões de ativação de quando estavam em jejum de comida (sistema de desejo — *"craving"* — e de recompensa: substância negra, área tegmental ventral e estriado). E quanto maior era o desejo por interação social ou comida, maiores eram as mesmas ativações cerebrais (TOMOVA *et al.*, 2020).

A privação de algo essencial para a sobrevivência, como a interação social, tem como consequência o aumento do foco no sistema de motivação, que se torna implacável na obtenção daquela necessidade em baixa. E parece que, para o cérebro, qualquer coisa está valendo, já que, nessas circunstâncias, está tão desesperado que acaba aceitando qualquer coisa que ative o sistema de recompensa. É por isso que quando estamos isolados socialmente por muito tempo, aumentamos o consumo de comida e o uso de substâncias. E quando o isolamento é totalmente involuntário, como na solidão? Os estudos parecem apontar para uma espécie de "homeostato" social (como um termostato). Nosso corpo tem um nível predefinido de domínios fisiológicos como temperatura, sal e glicose, mas também de socialização. A solidão perturba o sistema homeostático de socialização e leva a adaptações neurais e comportamentais, na tentativa de retorno à homeostase. O resultado é uma hiperativação prejudicial do sistema de recompensa, aumento na incidência de doenças metabólicas e neurodegenerativas e da mortalidade em geral (SCHIPPER *et al.*, 2018).

Em resumo, somos seres tão sociais que a falta de interação com outros seres humanos é tão nociva quanto a falta de comida.

Se evoluímos concomitantemente à manutenção de redes e interações sociais complexas, é apenas óbvio que a falta desse convívio gere também prejuízos na cognição, na regulação das emoções e na própria estrutura do cérebro, aumentando o risco para diversas doenças, incluindo as neurodegenerativas.

Solidão e isolamento social são fatores de risco para declínio cognitivo (agora mais importante que nunca!). Indivíduos solitários têm uma probabilidade maior que o dobro de desenvolver placas amiloides e Alzheimer. Contrariamente, maior engajamento em atividades que envolvem interação social tem sido associado a um risco menor de declínio cognitivo (DONOVAN *et al.*, 2016). Tanto a solidão quanto o isolamento social comprometem os sistemas subjacentes à cognição e à memória, tornando estes indivíduos mais vulneráveis aos efeitos deletérios de neuropatologias associadas à idade. Além disso, os sistemas neurais por trás do comportamento social podem ser menos elaborados em pessoas solitárias e, como consequência, menos capazes de compensar os danos relacionados à idade. Observa-se ainda que o engajamento em atividades sociais e cognitivas tem efeito estimulante no cérebro, reduzindo a atrofia cerebral, aumentando a neurogênese e a densidade sináptica.

Animais submetidos ao isolamento social mostram redução na arborização dendrítica (e sinapses) no hipocampo e no córtex pré-frontal e de BDNF (fator neurotrófico derivado do cérebro, uma proteína importantíssima para a saúde geral do neurônio) acompanhados por danos à memória e às habilidades sociais (BARRIENTOS *et al.*, 2003). Sentir-se só ou ser submetido ao isolamento social estimula o sistema nervoso simpático e afeta o sistema imunológico, aumentando a expressão de genes inflamatórios. Esta reação inflamatória parece ser o *link* entre solidão, isolamento e demência. Mas, não acredite que isso acontece apenas em idade avançada. A relação entre isolamento social, solidão e redução global na cognição também foi observada em jovens e adultos (LARA *et al.*, 2019). Portanto, é preciso cuidar das interações sociais e manter longos e duradouros laços sociais.

E com relação aos níveis de felicidade e bem-estar? Qual a real importância das conexões sociais para os índices de felicidade?

Coan *et al.* (2017) descobriram que pessoas mais felizes estão menos vulneráveis a mortes prematuras, têm mais chances de sobreviver a uma doença fatal e são mais resilientes ao estresse. E o que as tornavam mais felizes? Indivíduos com maiores níveis de felicidade têm mais amigos próximos, frequentam eventos sociais, têm fortes laços de família e românticos. Observou-se também que em suas atividades diárias, pessoas mais felizes passavam mais tempo com amigos e menos sozinhas (DIENER; SELIGMAN, 2004). Ok, parece óbvio que passar tempo com pessoas próximas e queridas nos traga mais felicidade. Mas, e com estranhos? Nick Epley e J. Schroeder, em um estudo clássico sobre interações sociais no metrô, demonstraram que não só as predições das pessoas sobre se interagir com estranhos as fariam mais felizes estavam erradas, mas a própria interação aumentava os níveis de bem-estar e felicidade. Ou seja, inicialmente, as pessoas acreditavam que queriam ficar sozinhas, sem serem perturbadas e que interagir com um estranho traria mal-estar para ambos. O que aconteceu foi exatamente o oposto! (EPLEY; SCHROEDER, 2014). Estar com outros humanos nos faz mais felizes, simples assim. Interação social traz felicidade porque somos seres extremamente sociais, assim como o contrário gera angústia e tristeza.

Se interações sociais com estranhos aumentam o bem-estar, imagine com amigos. De fato, amizades verdadeiras estão associadas à longevidade e à saúde. Aqueles com amigos próximos têm quatro vezes menos chances de morrer de uma doença corrente, além de uma redução drástica do risco para demência. Quem tem amigos também experimenta menos estresse. O simples fato de imaginar o enfrentamento de algum problema sabendo que você NÃO tem com quem contar (apenas imaginar!), aumenta os níveis de cortisol e a atividade do eixo HPA (eixo do estresse) (COAN *et al.*, 2017). Uma vida social saudável envolve empatia, atenção, sensações, abstrações, emoções e pensamentos. Essas atividades mentalmente estimulantes aumentam a reserva cognitiva, uma espécie de resiliência dos neurônios e das sinapses. A consequência é um aumento na resistência cerebral ao declínio mental e ao aparecimento de doenças. Do ponto de vista estrutural, amizades verdadeiras estimulam áreas relacionadas ao sistema de recompensa, como o córtex cingulado anterior (ACC), núcleo acumbente, caudado e córtex orbitofrontal (OFC). O resultado é uma cascata neuroquímica potente que implica liberações expressivas de ocitocina, serotonina e dopamina.

FOMOS FEITOS PARA PROCRIAR (E NÃO PARA SERMOS FELIZES)

Todos esses efeitos envolvem um fato interessante, evidenciado por estudos de imagem: a amizade parece envolver uma "violação da separação individual". Um obscurecimento do "eu" e do "amigo", uma falta de separação clara entre os indivíduos. Ou seja, para nosso cérebro, a linha que nos separa de nossos amados amigos parece não ser absoluta, nos tornando consciências únicas residindo em corpos diferentes. Isso, por si só, já é suficiente para trazer um enorme sorriso ao rosto de qualquer um.

Embora o funcionamento mental intrinsecamente gravado no nosso *hardware* cerebral mais pareça autossabotagem, não é impossível superá-lo. É possível transpor os vieses cognitivos a fim de experimentarmos mais bem-estar. Pode parecer coisa de autoajuda, mas é ciência mesmo. As pesquisas em neurociência reconhecem uma variedade de práticas e ações intencionais, como as que vimos aqui, que alteram funcional e estruturalmente circuitos neurais, aumentando a plasticidade, a autorregulação emocional e o bem-estar geral.

# CAPÍTULO VI

# IRISINA, O HORMÔNIO MENSAGEIRO DOS DEUSES E A IMPORTÂNCIA DO EXERCÍCIO PARA O CÉREBRO

Conhecer as dinâmicas cerebrais e entender o que de fato nos torna mais felizes é essencial na caminhada em direção à estabilidade mental e ao bem-estar. Mas todas essas estratégias serão inúteis se você não considerar a prática mais poderosa e negligenciada na manutenção e melhora da saúde cerebral: o exercício físico.

## Movimento, evolução e cérebro

Após a última era glacial, com a mudança na vegetação, nossos antepassados tiveram que se adaptar às savanas africanas. Não éramos mais apropriados às copas das árvores.

Ainda com um cérebro medíocre, mas já bípede, começamos a utilizar nossa arma primária para caçar: o corpo. Nos tornamos caçadores. Passamos a caçar animais de quatro patas com uma eficácia impressionante. Não éramos os mais rápidos, mas éramos os mais resistentes e tínhamos um corpo (anatomia e fisiologia) feito para correr durante longos períodos. O *Homo sapiens* se tornou mestre na corrida de resistência e melhorou sua habilidade de caça, o que foi essencial, posteriormente, para a evolução do cérebro humano. Evoluímos para aguentar períodos contínuos de estresse cardiovascular. Na competição por comida e por não ser a comida, os outros animais, sem regulação térmica, cediam rapidamente, e nós nos alimentávamos de sua nutritiva carne, cérebro e órgãos. Esse novo e inesperado aporte energético proporcionou o primeiro grande *boom* no tamanho do cérebro do *Homo sapiens* (o segundo veio com o cozimento da comida, como já vimos). Ou seja, o movimento proporcionou a caça eficaz, que por sua vez propiciou o crescimento do cérebro humano. Por compartilhar um passado evolutivo, nosso corpo simplesmente não tolera inatividade.

É evidente que se o movimento moldou o desenvolvimento cerebral durante milhares de anos, esse órgão PRECISA de movimento para funcionar bem. Sem movimento não há saúde cognitiva, emocional e comportamental. Se você não consegue regular suas emoções, sofre de estresse, depressão, ansiedade, falta de atenção, concentração, flexibilidade cognitiva, irritação, lapsos de memória ou problemas de memorização e dificuldades em interações sociais, se não se movimentar, nenhum medicamento vai adiantar. Será apenas um paliativo. Se deseja saúde cerebral para o resto da vida, é preciso respeitar nosso passado evolutivo.

De fato, o cérebro parece ser o órgão mais suscetível à inatividade. Mas por que exatamente? Quais são as especificidades que tornam a ligação entre cérebro e exercício tão forte?

Imagine a cena de milhões de anos atrás: um ancestral humano procurando por comida, provavelmente caçando, correndo, pulando e agachando, enquanto seu cérebro realiza as seguintes tarefas: I) navegação espacial e memorização de ambientes, tarefas, predadores e ferramentas (hipocampo); II) manipulação *on-line* de todas as informações (córtex pré-frontal dorsolateral); III) aumento da velocidade de processamento (áreas diversas); IV) recompensa pela comida — prazer (sistema límbico/núcleo acumbente); V) transmissão da informação aos pares (áreas relacionadas à linguagem), além da manutenção e do fortalecimento de tratos de massa branca, que tornam energeticamente eficientes tanto o controle motor quanto as funções executivas (sinaptogênese).

Procurar por comida era a coisa mais cognitivamente desafiadora que nossos ancestrais faziam. E todo esse processamento era feito enquanto se movimentavam. Essas duas tarefas evoluíram juntas e é por isso que o movimento (exercício) está tão intrinsecamente ligado à cognição. Isso explica por que o exercício protege o cérebro durante toda a vida, levando à melhora das funções cognitivas e da regulação emocional (RAICHLEN; ALEXANDER, 2017). No entanto, até hoje, humanos nunca tiveram que lidar com longos períodos de inatividade. Quando deparado com esse estilo de vida, o cérebro reduz suas capacidades e necessidades metabólicas, levando à atrofia e à degeneração, refletindo uma grande discrepância entre história evolutiva e sedentarismo contemporâneo.

Esse passado evolutivo explica também por que algumas áreas do cérebro, como o hipocampo, apresentam mais benefícios em função do exercício do que outras. Para garantir nossa sobrevivência, o cérebro deve estar um passo à frente e prever rapidamente o que pode acontecer. No entanto, previsões requerem detalhes e, para isso, o cérebro depende do hipocampo, a estrutura responsável pela formação de novas memórias e navegação espacial. Essas previsões ocorrem na região dorsal do hipocampo, onde informações relativas a paisagens, topografia, pessoas, objetos e artefatos do ambiente são processadas e assimiladas. Mas, para que essa memória declarativa se consolide, o indivíduo deve estar em movimento. Agora pense na obviedade dessa perspectiva evolutiva: se você está se movimentando, explorando o ambiente e navegando espacialmente, é crucial para sua sobrevivência que você memorize melhor as informações. É por isso que quando você começa a se mover, essa parte do cérebro é imediatamente estimulada. Ademais, uma vez que o hipocampo dorsal é ativado, e para que a tarefa seja realizada, a atividade exigirá foco intenso, autocontrole e esforço aplicado (funções do córtex pré-frontal), daí a relação entre movimento (exercício), memória (hipocampo) e melhora nas funções cognitivas (córtex pré-frontal). Além disso, o hipocampo e sua companheira, a amígdala, são centrais na regulação das emoções.

Há ainda uma interessante ligação evolutiva entre movimento, olhos e regulação emocional. Salay, Ishiko e Huberman (2018), em um estudo elegante publicado na *Nature*, mostraram que o movimento para frente (correr, nadar, caminhar, andar de bicicleta) está associado à supressão da resposta do medo e ao aumento da ativação daquilo que neurocientistas chamam de "resposta de confrontação

**Figura 15:** O exercício físico aumenta a atividade de diversas áreas cerebrais, como hipotálamo, hipocampo, amígdala, córtex pré-frontal, entre outras, influenciando positivamente anatomia e funções. As áreas mais impactadas estão assinaladas por asteriscos.

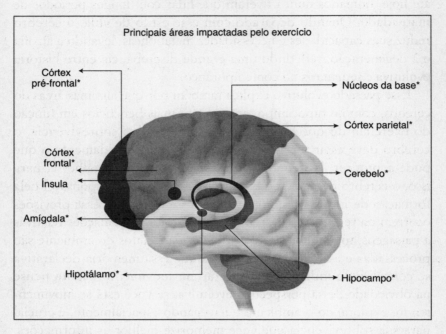

*Fonte:* elaborada pela autora.

ou coragem". Além disso, já sabemos que o movimento aumenta de modo substancial a liberação de dopamina (prazer) através de conexões colaterais com núcleo acumbente. O movimento (exercício) aumenta o fluxo de imagens provenientes de movimentos lateralizados dos olhos, suprimindo a detecção de ameaças pela amígdala e levando à redução da ansiedade. Ou seja, movimentar-se concomitantemente aumenta o prazer e reduz a ansiedade. Do ponto de vista evolutivo, quando em resposta de confrontação, ficamos mais corajosos (medo = ansiedade), porque nossos olhos percebem menos as ameaças.

Os olhos controlam o estado interno, o movimento controla o estado interno, a luz que os olhos captam controla o estado interno. Ou seja, são os olhos que estão fazendo tudo isso (são estruturas incríveis!). Muitas vezes nos esquecemos, mas os olhos são o próprio cérebro. A retina não está ligada ao cérebro, ela é o cérebro, o único pedaço dele fora do crânio. Sim, os olhos foram feitos para que vejamos os objetos, mas também para que possamos estabelecer um estado interno de excitação ou calma. E agora sabemos que essa ligação entre movimento e olhos é fundamental para o controle de estados emocionais.

Além dos olhos, outra informação que chega ao cérebro o informa sobre o movimento. A relação entre cérebro e corpo, manutenção e melhora dos circuitos neurais dependem de movimentos corporais e de sinais (para o cérebro) de que seu corpo está se mexendo.

Mas como o cérebro sabe se o corpo está se movimentando? Afinal, o aumento do fluxo sanguíneo e de adrenalina pode ser por estresse. Mas o movimento desencadeia processos de sinalização celular que são únicos em sua relação com o cérebro e, mais especificamente, com a cognição. São eventos bioquímicos particulares que informam ao cérebro que estamos de fato nos movimentando. Esses processos são bem conhecidos e falaremos sobre eles mais adiante (irisina, catepsina-B, BDNF, neurogênese e etc.). Mas um em particular é mais um exemplo da interação com nosso passado evolutivo. Uma proteína chamada osteocalcina, produzida nos ossos, está associada à manutenção das funções hipocampais e, consequentemente, à memória (esse estudo, de Kosmidis *et al.* [2018], tem como autor ninguém menos que Eric Kandel — Nobel de Fisiologia/Medicina em 2000). O giro denteado, subárea do hipocampo, possui neurônios que liberam osteocalcina — um estímulo potencializado pelo exercício e que começa nos ossos. Assim, o exercício aumenta significativamente a produção de osteocalcina, que atravessa a barreira hematoencefálica e altera a expressão de genes no hipocampo, ajudando na regulação da memória e da ansiedade.

## Efeitos do exercício no cérebro

Se tem um órgão no nosso corpo que se beneficia com o exercício é o cérebro. Os efeitos são tantos e tão extensos que os dividiremos em sessões para melhor compreensão. Décadas de estudo vêm demonstrando efeitos na química, função e na própria estrutura do cérebro, evidenciando a relação ancestral entre estresse cardiovascular (exercício) e saúde mental.

### 1. *Alterações na resposta ao estresse (eixo HPA) e resposta antioxidante*

O eixo HPA (hipotalâmico-pituitário-adrenal) é uma via fisiológica que envolve a resposta a estressores agudos e a liberação de uma série de hormônios e neuroesteroides que permitem ao indivíduo reagir apropriadamente. Quando o estresse agudo ocorre, o hipotálamo libera fator de liberação de corticotrofina (CRF) na hipófise anterior, que, por sua vez, libera hormônio adrenocorticotrófico (ACTH) na corrente sanguínea. Este último interage com as glândulas adrenais, nos rins, promovendo a síntese do cortisol. O cortisol age nos receptores glicocorticoides do hipocampo e do hipotálamo para suprimir a própria atividade do eixo, permitindo, dessa forma, uma autorregulação por *feedback* negativo. Se o indivíduo é frequentemente exposto a agente estressores, a atividade do eixo se torna disfuncional, como ocorre em transtornos de humor e ansiedade.

A ativação do eixo HPA parece ter papel fundamental no efeito do exercício no cérebro. Paradoxalmente, apesar de o exercício agudo ser um agente estressor, o exercício crônico tem efeito neuroprotetor e prazeroso (mais adiante explicarei por que o exercício é prazeroso apesar da liberação de cortisol). Estudos mostram que indivíduos submetidos a um programa de exercícios apresentam menores níveis de cortisol em repouso ou em resposta a um agente estressor, quando comparados a sedentários. Ou seja, fazer exercício nos torna mais resistentes e resilientes ao estresse, quando este aparece.

Outros estudos observaram que o exercício crônico tem efeitos antioxidantes, que podem ser explicados pelo aumento das chamadas espécies reativas de oxigênio (ROS), ou seja, radicais livres. A produção mitocondrial de ROS, resultante de alta demanda metabólica durante o exercício, induz a transcrição de genes que codificam enzimas antioxidantes (como a superóxido dismutase e a glutationa peroxidase), responsáveis por combater o acúmulo de radicais livres, modulando, assim, a saúde mitocondrial e metabólica (VORKAPIC *et al.*, 2021).

## 2. *Alterações na química cerebral (neurotransmissão e neurotransmissores)*

Um dos efeitos mais conhecidos do exercício no cérebro é o de aumentar a sensação de prazer, euforia e relaxamento. Isso se deve às alterações significativas na química cerebral, em decorrência do aumento no metabolismo, oxigenação e fluxo sanguíneo cerebral. O exercício agudo regula a maioria dos neurotransmissores no sistema nervoso central: GABA, glutamato, norepinefrina, dopamina, serotonina, endorfinas, entre outros. A ativação das monoaminas pela atividade física reduz a incidência e aumenta as chances de recuperação de transtornos mentais como depressão, ansiedade e estresse. Estudos mostram que tanto o exercício agudo quanto o crônico afetam a expressão de genes hipocampais associados à plasticidade sináptica de uma forma geral. Mais especificamente, há aumento na expressão de genes relacionados ao sistema de glutamato (neurotransmissor excitatório envolvido na formação de memórias), o que pode estar ligado a outro efeito do exercício bastante conhecido por neurocientistas: neurogênese ou o nascimento de novos neurônios.

Outros fatores neuroquímicos liberados durante o exercício agudo incluem o aumento na síntese de opioides e endocanabinoides, responsáveis pela sensação de euforia, bem-estar, sedação e redução à sensibilidade da dor. Outros estudos mostraram ainda que o sistema endocanabinoide pode ter um papel relevante na sensação de sedação e bem-estar após o exercício, conhecida como "onda de

BEM-ESTAR COM NEUROCIÊNCIA

corredor". Costumamos achar que esse efeito decorre do aumento na liberação de endorfinas, mas estas moléculas não atravessam a barreira hematoencefálica. Este papel parece ser desempenhado por um neurotransmissor pouco conhecido: a anandamida, um endocanabinoide de natureza lipossolúvel, que pode entrar facilmente no cérebro e desencadear as conhecidas sensações (portanto, a partir de agora, nada de dizer que depois da corrida você se sente bem das endorfinas!) (SIEBERS *et al.*, 2021).

Outro sistema profundamente impactado com o exercício é o da dopamina. E esta relação é muito mais interessante do que um simples aumento na recompensa e no prazer. Pense em como fazer exercício não é nada fácil. Imagine que é preciso romper a barreira da desmotivação e promover estresse cardiovascular, metabólico e respiratório. É compreensível que muitas pessoas não sejam fãs de uma corridinha. Muitos, no entanto, amam fazer exercício. Amam esse desequilíbrio homeostático. Como? O que fazem de diferente? Se as alterações corporais são basicamente as mesmas, igualmente difíceis, por que alguns gostam dessa tarefa fisiologicamente tão perturbadora?

Costumávamos achar que as alterações neuroquímicas que facilitam a sensação de bem-estar ocorressem a longo prazo, mas estudos mostram que são necessários apenas alguns dias para que essas mudanças se tornem duradouras. E uma vez que se engajam na prática de exercício por um pequeno período, a evolução se encarrega do resto. É como se o cérebro dissesse: "você me dá isso, que faz muito bem a todos os sistemas corporais e eu te recompenso com cada vez mais prazer, mais facilmente".

É isso que acontece. O exercício altera a atividade do sistema de recompensa e prazer de modo que o limiar para sentir prazer seja cada vez mais baixo, ou seja, fica cada vez mais fácil ser prazeroso (basta um pouquinho de dopamina!). O segredo aqui é a consistência nos primeiros dias, manter-se firme na prática até que o sistema de recompensa tenha sido alterado de forma duradoura (plasticidade). E, ainda mais interessante, a redução do limiar para o prazer é extrapolado para outras circunstâncias e tarefas, como estar entre amigos, saborear uma refeição, fazer sexo... tudo fica melhor, mais fácil e mais rapidamente (GREENWOOD *et al.*, 2011).

IRISINA, O HORMÔNIO MENSAGEIRO DOS DEUSES...

Ainda sobre a dopamina, outro fato curioso é sua interação com o cortisol durante o exercício. Certamente você já se perguntou como o exercício aumenta a sensação de prazer e melhora o humor se promove a liberação do cortisol, um hormônio relacionado ao estresse. Parece um paradoxo, não é?

Estresse crônico aumenta os níveis de cortisol. Exercício físico também. Estresse crônico altera a atividade do córtex pré-frontal, prejudica a memória e a cognição, reduz os níveis de BDNF, de plasticidade e da capacidade para formação de novas memórias. Exercício físico melhora todas as funções cerebrais, autorregulação emocional, previne depressão e tem efeitos exatamente opostos aos do estresse crônico no cérebro. Mas como, se ambos aumentam níveis agudos e basais de cortisol? O que acontece? Esse é o chamado de paradoxo exercício-cortisol, que até pouco tempo não era bem elucidado, e é aqui que a dopamina entra (CHEN *et al.*, 2017). De modo bem resumido, quatro coisas acontecem:

I — Exercício crônico suprime a ativação do eixo HPA (eixo do estresse) e melhora a capacidade de lidar com estresses variados através da redução da resposta do cortisol;

II — O cortisol relacionado ao exercício potencializa a liberação de glutamato do córtex pré-frontal (CPF) para a área tegmental ventral (ATV — área relacionada ao circuito de recompensa) e os neurônios dessa área (ATV) aumentam a liberação de dopamina para o córtex pré-frontal, criando um *looping* altamente benéfico. Além disso, esse cortisol inibe a recaptação da dopamina, aumentando sua quantidade no circuito. Essa dopamina está associada à motivação e ao esforço (quando a recompensa é baixa), ao gerenciamento ativo de contextos estressantes e tem efeitos antidepressivos;

III — Sabemos que essa dopamina tem relação com o cortisol e seus receptores no CPF, porque, bloqueando estes receptores, observa-se redução da dopamina e dos notórios efeitos antidepressivos do exercício;

IV — Exercício aumenta a quantidade de receptores para o cortisol (MR e GR), enquanto estresse crônico ou depressão os reduzem,

BEM-ESTAR COM NEUROCIÊNCIA

levando a um *feedback* negativo e desregulando a via CORT – GR – DOPA (cortisol-receptores-dopamina).

Em poucas palavras, mesmo com a liberação significativa de cortisol durante o exercício, é a relação deste hormônio com a dopamina o grande diferencial dos efeitos do exercício no cérebro no que diz respeito ao prazer e à regulação do humor.

## 3. Aumento de fatores de crescimento (neurotróficos)

Fatores neurotróficos, proteínas essenciais para sobrevivência, proliferação e maturação neuronal, também são ativados e sintetizados durante o exercício. Estudos mostram aumento na expressão de diversas neurotrofinas — como o fator neurotrófico derivado do cérebro (BDNF), fator de crescimento semelhante à insulina tipo 1 (IGF-1), fator de crescimento vascular endotelial (VEGF), neurotrofina-3 (NT3), fator de crescimento de fibroblasto (FGF-2), fator neurotrófico derivado da glia (GDNF), fator de crescimento epidérmico (EGF) e fator de crescimento nervoso (NGF) — após o exercício. Essas proteínas estão associadas ao aumento na neurogênese, angiogênese (nascimento de novos vasos sanguíneos e aumento do suprimento) e melhoras na cognição.

Muitos dos efeitos do exercício no cérebro são locais (no próprio cérebro), mas, no que diz respeito aos fatores de crescimento, em especial o BDNF, a cascata fisiológica que resulta em seu aumento tem início bem longe do sistema nervoso central, tornando ainda mais surpreendente a conectividade do nosso corpo.

Há poucos anos, pesquisadores descobriram a irisina, um hormônio liberado pelo músculo em movimento que promove crescimento neuronal e plasticidade no hipocampo, região crítica para memória e aprendizado, e primariamente envolvida na fisiopatologia do Alzheimer. Suspeitou-se, então, que a irisina fosse o mecanismo central por trás do efeito protetor do exercício contra o Alzheimer. Para explorar essa relação, pesquisadores bloquearam a irisina no hipocampo de animais e observaram um enfraquecimento de sinapses e memórias. E foram além: observaram que os animais que nadaram não tiveram nenhum prejuízo cognitivo, apesar de receberem infusões de beta-amiloides, proteínas cujo acúmulo é parte central no Alzheimer. Para terem certeza de que o mecanismo por trás do efeito protetor era de fato a irisina, os autores bloquearam o hormônio nos animais que nadaram. Adivinha o que aconteceu? Estes animais tiveram o mesmo desempenho cognitivo (pobre) dos animais sedentários (LOURENCO *et al.*, 2019). É a irisina a responsável por ativar genes que codificam a expressão de BDNF no hipocampo, protegendo neurônios de moléculas inflamatórias (citocinas), do estresse oxidativo e atuando como modulador do metabolismo de glicose e insulina no cérebro.

Em poucas palavras, o músculo em movimento libera um hormônio que atravessa a barreira hematoencefálica, chega em áreas centrais do cérebro, como o hipocampo e o córtex pré-frontal, e através de uma complexa cascata de sinalização celular e de proteínas, promove plasticidade e nascimento de novos neurônios, protege os existentes, tem efeito anti-inflamatório e é capaz de reverter danos cognitivos causados pelo Alzheimer. Os efeitos da irisina são tão extensos que não por acaso esse hormônio recebeu o nome da Deusa Íris da Grécia Antiga, a mensageira dos Deuses Olímpicos.

## 4. Novos neurônios (neurogênese), novos vasos sanguíneos (angiogênese) e novas sinapses (sinaptogênese)

Dentre todos os efeitos da atividade física no cérebro, é a neurogênese o fenômeno neuroquímico mais associado ao impacto do exercício no cérebro. Neurogênese é o crescimento de novos neurônios no cérebro adulto. Isso é realmente incrível e representa a morte de um dogma de longa data na neurociência. Nenhuma outra circunstância de nossas vidas é capaz de fazer isso de modo tão significativo. Nenhuma. Novos neurônios em um cérebro adulto, que já está perdendo alguns milhares à medida que envelhecemos. Quer exemplos de como a perda de neurônios é prejudicial? Alzheimer, Parkinson, depressão, demências, estresse, ansiedade, acidente vascular encefálico, esclerose múltipla, esquizofrenia, autismo, TDAH, entre outros.

BEM-ESTAR COM NEUROCIÊNCIA

O aumento da neurogênese hipocampal é um fenômeno robusto e claramente evidenciado. O hipocampo, por motivos evolutivos já mencionados, é a área mais impactada por esse fenômeno. Evidências de neurogênese induzida pelo exercício em outras áreas ainda são controversas. Os estudos mostram que esses novos neurônios não apenas nascem, eles se tornam funcionais e totalmente integrados aos circuitos neurais pré-existentes, capazes de auxiliar na regulação das funções cognitivas, emocionais e comportamentais. Em outras palavras, o exercício não só aumenta o número de novos neurônios, mas também influencia a morfologia de neurônios recém-nascidos, sugerindo que os efeitos do exercício nos novos neurônios são quantitativos e qualitativos. Utilizando uma estratégia de marcação retroviral, estudos mostraram que neurônios recém-nascidos em consequência do exercício desenvolveram-se por meses no cérebro adulto. Foram observadas também alterações nas sinapses das regiões onde ocorreu neurogênese, sugerindo que as novas células têm papel funcional na integração do circuito neural.

A correlação entre exercício, neurogênese e memória também tem sido observada durante o envelhecimento normal. O exercício tem mostrado efeitos neuroprotetores contra o declínio cognitivo associado à idade e à atrofia cerebral em cérebros adultos. Ou seja, todos nós perdemos massa cinzenta à medida que envelhecemos, mas, se fizermos exercício, essa perda é desacelerada de modo significativo.

E a propósito de massa cinzenta, estudos recentes mostram uma correlação impressionante entre perda de neurônios e perda de massa muscular. A perda de massa muscular está associada à perda de neurônios e pode até prever a progressão da demência. Similarmente, pouca força muscular está relacionada ao declínio cognitivo e a alterações cerebrais em decorrência do Alzheimer. Sarcopenia está associada à memória ruim, depressão, apatia e sintomas comportamentais de demência (OHTA *et al.*, 2023). Alguns estudos mostram que cerca de 50% dos indivíduos com Alzheimer têm sarcopenia (OGAWA *et al.*, 2018). Um estudo recente sugere significativa relação entre força muscular, especialmente em membros inferiores, e volume cerebral. Esses resultados mostram que a redução na função cognitiva acontece através do chamado eixo músculo-cérebro, do qual a irisina faz parte

**Figura 16:** O exercício físico aumenta a liberação do hormônio irisina, que através do BDNF, modula o nascimento de neurônios no hipocampo e aumenta a plasticidade, reduzindo o risco para diversas doenças.

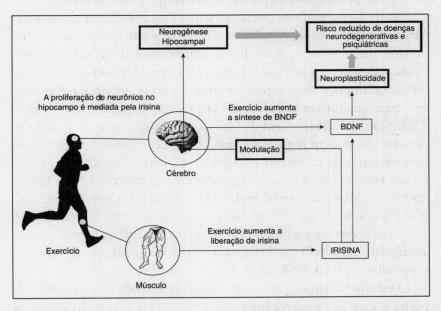

*Fonte:* Imagem adaptada de JIN, Yunho; SUMSUZZMAN, Dewan; CHOI, Jeonghyun; KANG, Hyunbon; LEE, Sang-Rae; HONG, Yonggeun. Molecular and Functional Interaction of the Myokine Irisin with Physical Exercise and Alzheimer's Disease. *Molecules*, v. 23, n. 12, 3229, dez. 2018. Disponível em: https://pubmed.ncbi.nlm.nih.gov/30544500/. Acesso em: 29 set. 2023.

(MOON *et al.*, 2018; 2019). Assim, aumentar e fortalecer os músculos reduz o declínio cognitivo e aumenta a plasticidade do hipocampo, melhorando a função cognitiva global (BROADHOUSE *et al.*, 2020). O treinamento de resistência provoca alterações cerebrais específicas (diferentes das do treinamento aeróbico), como um aumento da conectividade entre o cingulado posterior e o hipocampo (por exemplo, em pacientes com Alzheimer, há redução desta conectividade e do metabolismo do cingulado posterior). Outras mudanças incluem alterações nas conexões entre o CA1 (subárea altamente plástica do hipocampo) e o córtex pré-frontal, essenciais para a formação de memórias e o alto fluxo de informações no cérebro. Traduzindo para o português, pernas mais fortes = mais neurônios e mais força nas conexões entre áreas cerebrais essenciais para a cognição, quem diria, hein? Mas, a relação músculo-neurônios não acaba por aí. Um estudo recente definitivamente muda a medicina neurológica, fornecendo novas explicações para o porquê de pacientes com Alzheimer, esclerose múltipla, doença do neurônio motor e outras doenças neurológicas experimentarem um declínio tão rápido quando o movimento é limitado (ADAMI *et al.*, 2018). O estudo sugere que quando as pessoas não podem realizar movimentos ou exercícios que envolvam levantamento de carga por grandes grupamentos musculares, como os das pernas, elas não apenas perdem massa muscular, mas toda a química celular é alterada, incluindo a do sistema nervoso central, que é particularmente impactado (especificamente, a restrição ao exercício reduz o oxigênio no corpo e cria um ambiente anaeróbico, alterando o metabolismo de todas as células e a expressão de genes — especialmente o CDK5Rap1, associado à saúde mitocondrial).

O estudo mostrou que em animais com restrição de exercício de perna houve significativa limitação (70%!!) na produção de novas células-tronco neurais. Além disso, neurônios e oligodendrócitos (um tipo de célula da glia — células de suporte do sistema nervoso) não amadureceram corretamente. Ou seja, levantar peso com as pernas manda sinais ao cérebro que são críticos para a produção de novos neurônios e para a manutenção da integridade do cérebro. Mais uma vez, não é nenhum acidente que tenhamos sido feitos para o movimento e que este esteja tão intrinsecamente ligado à saúde do cérebro, cognitiva e emocional.

## 5. *Desinflamando o cérebro*

Por último, mecanismos sistêmicos apontam uma redução de fatores de risco periféricos em consequência do exercício. Um conceito emergente fundamental é o de que a saúde do cérebro e as funções cognitivas são moduladas pela interrelação de diversos fatores centrais

IRISINA, O HORMÔNIO MENSAGEIRO DOS DEUSES...

e periféricos. Especificamente, a função cerebral depende da presença de fatores de risco periféricos para declínio cognitivo, incluindo hipertensão, hiperglicemia, resistência à insulina e dislipidemia — um amontoado de fatores que foram conceituados como "síndrome metabólica". Uma característica comum de muitas dessas condições é a inflamação sistêmica, que aumenta a inflamação no sistema nervoso e está associada ao declínio cognitivo. Ou seja, indivíduos com hipertensão, diabetes e obesidade apresentam declínio cognitivo por conta de processos inflamatórios. Surpreendentemente, o exercício reduz todos os fatores de risco periféricos, melhorando a capacidade cardiovascular, equilíbrio lipídio-colesterol, metabolismo energético, utilização de glicose, sensibilidade à insulina e inflamação.

Através do aumento da produção de fatores de crescimento, especialmente BDNF e IGF-1, o exercício reduz a síntese de citocinas pró-inflamatórias que prejudicam a saúde cerebral. O aumento das citocinas pró-inflamatórias em decorrência de problemas metabólicos prejudica a sinalização de BDNF nos neurônios, levando a uma condição conhecida como resistência à neurotrofina, que é conceitualmente similar à resistência à insulina. Dados recentes indicam ainda que o exercício melhora a condição imune do cérebro, reduzindo, por exemplo, a IL-1b (uma citocina pró-inflamatória) em modelos animais de Alzheimer e, desta forma, reduzindo a resposta inflamatória ao acidente vascular ou infecção periférica.

Com tantas mudanças, podemos dizer que o efeito do exercício no cérebro é único no sentido de melhorar a saúde cerebral. De fato, todas as alterações neuroquímicas e estruturais podem ser traduzidas em melhoras na autorregulação das emoções e nas funções cognitivas, motivo pelo qual o exercício tem sido utilizado, com sucesso, no tratamento de transtornos psiquiátricos, como veremos a seguir.

## Exercício e saúde mental

Nas últimas décadas, observou-se um progressivo aumento da prevalência de transtornos de humor na população adulta mundial, chegando a cerca de 20%. Isso significa que muitas pessoas

BEM-ESTAR COM NEUROCIÊNCIA

experimentarão algum tipo de transtorno de humor em determinado período da vida, de maneira contínua ou recorrente. Algumas condições como estresse, ansiedade, depressão, fobias, transtornos compulsivos e pânico compreendem uma boa parte dos transtornos mentais observados. O estresse e a ansiedade excessiva são componentes-chave ou sintomas comuns em quase todas essas condições. O estresse é frequente em adultos relativamente saudáveis e tem sido associado a consequências negativas na saúde, absenteísmo e redução na produtividade. O tratamento atual para transtornos de humor inclui intervenções terapêuticas e farmacológicas, ambas embasadas por grande quantidade de evidências empíricas através de estudos controlados. No entanto, as pesquisas também sugerem que muitos indivíduos acometidos por estes transtornos acabam não procurando ajuda profissional, o que indica a necessidade da criação de estratégias complementares confiáveis. Além disso, tanto pacientes quanto pesquisadores concordam em dois pontos: 1) não é satisfatório passar uma vida inteira fazendo uso de medicamentos (aliás, somente cerca de 40% dos pacientes depressivos respondem ao tratamento com psicofármacos); e 2) as estratégias terapêuticas tradicionais podem ser extremamente custosas se realizadas durante longo período. E ainda, estudos recentes não só vêm contrariando a hipótese da serotonina na etiologia da depressão, mas também demonstrando que tanto drogas ansiolíticas quanto antidepressivas têm eficácia limitada em longo prazo, causam tolerância ou sonolência, afetam cognição e memória e produzem disfunção sexual.

Dentre as intervenções complementares comprovadamente eficazes no tratamento de transtornos mentais estão o exercício físico e as práticas contemplativas, como a yoga e a meditação (sobre as quais falaremos mais adiante). São as alterações químicas, funcionais e estruturais no cérebro, em função do exercício, que permitem melhoras nos sintomas de autorregulação emocional e função executiva. Dezenas de estudos que utilizaram o exercício como intervenção terapêutica na depressão concluíram que o grupo que praticava exercício apresentava maior recuperação e menor recaída que os outros, e que quanto maior era o tempo gasto com exercícios, menores eram os níveis de depressão.

Mas, por que será que o exercício promove efeitos tão benéficos em pacientes com depressão?

Na depressão são observados: alterações no fluxo sanguíneo e no metabolismo do córtex pré-frontal; hiperatividade da região subgenual pré-frontal cortical; aumento do metabolismo de glicose em várias regiões límbicas, especialmente na amígdala; modificações na regulação do eixo HPA, como hipersecreção de cortisol, aumento de citocinas inflamatórias (neuroinflamação), além de alterações cognitivas como comprometimento na atenção, na memória, na velocidade de processamento, na função executiva, na emoção e na tomada de decisão. Um dos fatores que podem explicar o déficit de memória e a desregulação emocional na depressão é a alteração na atividade hipocampal em consequência de hipercortisolemia, da redução do BDNF e da neurogênese. Em poucas palavras, a depressão leva a uma drástica redução na plasticidade. Os efeitos do exercício no cérebro e, consequentemente, na depressão, estão, como já vimos, relacionados ao aumento na liberação de monoaminas, aumento de BDNF e redução da inflamação (PAOLUCCI *et al.*, 2018).

A propósito da relação entre depressão e inflamação, estudos recentes mostram uma associação causal entre depressão e disfunção imunológica, com sobreposição de disfunções imunológicas e metabólicas (níveis elevados de leptina e resistência à insulina), de sintomas comportamentais (fadiga, hiperfagia e ganho de peso) e de níveis anormais de marcadores inflamatórios (PITHAROULI *et al.*, 2021). Há bastante evidência de que existe uma relação entre depressão e inflamação. Os diversos estudos observam em pacientes depressivos as mesmas características de inflamação (como veremos mais adiante, em detalhes):

- Níveis elevados de citocinas inflamatórias e proteína C-reativa;
- Redução da resposta imune adaptativa;
- Diferenças na contagem de células do sistema imune;
- Ativação anormal de células da micróglia e;
- Evidências de que a desregulação autoimune leva à depressão.

BEM-ESTAR COM NEUROCIÊNCIA

De fato, pesquisas longitudinais mostram que a inflamação precede a depressão e, em estudos com intervenções que causam ativação imune, observa-se aumento de sintomas depressivos. Além disso, níveis elevados de citocinas inflamatórias e espécies reativas de oxigênio (ROS — radicais livres) aliados à redução na glutationa levam a disfunção mitocondrial, processos observados em pacientes com depressão, transtorno bipolar e transtornos neuroimunes. Esse estado, por sua vez, promove ativação das células da micróglia (células do sistema imunológico do cérebro), que liberam mais citocinas inflamatórias e ROS no tecido nervoso — levando à redução de plasticidade, prejuízo cognitivo e neurodegeneração (TROUBAT *et al.*, 2021).

Estudos genéticos mostram que variações em genes relacionados ao sistema imunológico podem prever tanto os níveis de citocinas inflamatórias quanto os sintomas depressivos. Mais fascinante ainda, em estudos epigenéticos, a metilação do DNA na região que codifica para o receptor glicocorticoide (GR) provoca redução na expressão desse receptor (ou seja, mais facilidade para experimentar estresse) acontecendo concomitantemente ao aumento de marcadores inflamatórios (FARREL *et al.*, 2018).

Adivinha qual a única intervenção capaz de regular o sistema imune, reduzir inflamação, estresse oxidativo, níveis de cortisol, aumentar o BDNF, a síntese de monoaminas e diminuir sintomas depressivos ao mesmo tempo?

## Exercício e doenças neurodegenerativas

Com tantos efeitos na função e na estrutura do cérebro, é esperado que o exercício promova benefícios em portadores de doenças neurodegenerativas como Alzheimer e Parkinson. Atualmente, o Alzheimer tornou-se a forma mais comum de demência em idosos, acometendo cerca de 50% de indivíduos acima de 90 anos. As alterações fisiopatológicas, como acúmulo de placas β-amiloide e emaranhados neurofibrilares, estão relacionadas à diminuição do volume cerebral, do número de neurônios, do número de sinapses e da extensão das ramificações dendríticas. Estudos mostram que o aumento na síntese de BNDF, IGF1 e VEGF e a neurogênese em função do exercício, em idosos saudáveis, correlacionam-se positivamente com o aumento no volume do hipocampo e melhor desempenho verbal. É possível que o aumento do fluxo sanguíneo e maior metabolismo cerebral da glicose tenha relação com a degradação da proteína β-amiloide, cujo acúmulo é responsável pela morte de neurônios colinérgicos no Alzheimer. Além disso, o exercício influencia fatores de risco associados à demência, tais como a resistência à insulina, já que este, em idosos, está associado à redução do metabolismo de glicose (VORKAPIC *et al.*, 2021).

A doença de Parkinson é considerada a segunda doença neurodegenerativa mais comum atualmente, afetando cerca de 0,3% da população em geral. Considerada uma síndrome degenerativa e progressiva do sistema nervoso central, caracteriza-se pela perda dos neurônios dopaminérgicos da substância negra, provocando desordem dos movimentos, tremores em repouso, rigidez e bradicinesia. Com a progressão da doença, outros problemas podem surgir, como instabilidade postural e disfunções da marcha, quedas e limitações funcionais progressivas, reduzindo substancialmente a qualidade de vida do paciente. A degeneração dopaminérgica nigro-estriatal é um dos principais mecanismos da doença, cujos déficits atingem, principalmente, mecanismos motores. Além destes, outros, como os circuitos serotoninérgicos, noradrenérgicos e colinérgicos, também são afetados na doença de Parkinson e contribuem para as disfunções cognitivas presentes em alguns casos. Com tantos efeitos nos sistemas de neurotransmissão da dopamina, da serotonina, da noradrenalina e da acetilcolina, é de se esperar que o exercício também beneficie portadores desta doença. De fato, estudos mostram que o exercício tem efeito significativo na função dopaminérgica, com aumento na concentração do neurotransmissor e na sensibilidade de seus receptores. Mais especificamente, verifica-se uma redução da alteração dos neurônios dopaminérgicos na substância negra, o que contribui para a reconstituição da função dos gânglios da base (envolvidos no comando do movimento e em mecanismos adaptativos da dopamina e disfuncionais no Parkinson) e para o aumento da concentração de BDNF.

O exercício pode ainda impedir o desenvolvimento da doença, já que o risco de desenvolver Parkinson parece ser inversamente proporcional à quantidade de atividade física praticada ao longo da vida. Pessoas que praticam exercício durante a idade adulta, no fim da vida têm um risco 40% menor de desenvolver a doença do que as pessoas que permaneceram inativas durante os mesmos períodos. Além disso, os efeitos positivos dessa prática sobre os componentes cognitivos e automáticos de controle motor em indivíduos parkinsonianos é resultado de mecanismos de neuroplasticidade (AHLSKOG, 2011).

O exercício tem ainda um último efeito neuroprotetor: o de reduzir danos ao cérebro antes e após acidentes vasculares. Estudos mostram que indivíduos fisicamente ativos têm menos chance de acidentes vasculares e que a participação em um programa de exercícios após acidente vascular encefálico (AVE) acelera a reabilitação funcional (ZHANG; XIE; HU, 2022).

Por fim, os efeitos do exercício no cérebro são tão impressionantes que se fossem um medicamento, seriam a cura para diversos transtornos psiquiátricos e degenerativos. É a estratégia terapêutica mais poderosa em saúde mental, com impacto único, capaz de alterar a química e as funções cerebrais, aumentar o número de neurônios, promover desinflamação, aumentar a plasticidade, reduzir o declínio de massa cinzenta associado à idade e melhorar o humor e as funções cognitivas.

Portanto, agora, dê uma pausa na leitura, coloque o tênis e vá para a academia. Seus neurônios agradecerão e você retomará a leitura muito melhor do que parou, acredite.

# ÊXTASE

*"Cinco minutos.*
*É um choque.*
*Uma quebra de homeostase.*
*Um desequilíbrio fisiológico tão intenso que meu corpo só pensa em parar. Minhas células enviam sinais químicos para interrupção imediata da atividade. Meu cérebro interpreta: 'socorro, me tire daqui!'. Quero conforto. As reservas de glicose nos músculos estão diminuindo. Meu corpo é transbordado de adrenalina e cortisol. A liberação de cortisol significa que meu cérebro ainda não entende bem se estou fugindo de um predador ou correndo na esteira.*
*Dez minutos.*
*Meu batimento cardíaco começa a atingir um* plateau. *Meus músculos passam a utilizar outras fontes energéticas e a produzir irisina. O hipotálamo percebe o aumento de temperatura e induz sudorese intensa. Meu corpo esfria. A noradrenalina dilata minhas pupilas e aumenta os níveis de alerta e concentração.*
*E então, algo mágico acontece: o cortisol, o mesmo hormônio do estresse, agora estimula uma intensa liberação de dopamina.*
*A dopamina inunda meu centro de prazer no cérebro como se eu estivesse fazendo uso de cocaína e toda a química cerebral começa a mudar: anandamida, serotonina, GABA, glutamato e mais dopamina. Prazer.*

*Vinte minutos.*

*Eu me sinto livre, alerta, hábil, concentrada. Não há mais desconforto. A música nos meus ouvidos me dá mais motivação e mais dopamina. Quanto mais eu corro em velocidade e intensidade estáveis e (agora) prazerosas, mais meu cérebro entende que sei fazê-lo bem (autoeficácia). Alcançar algo, realizar uma tarefa com bom desempenho significa recompensa. E adivinha? Mais dopamina. Um* looping *psicológico e neuroquímico. Na minha cabeça, veias e artérias em evidência são resultado de um aumento intenso no fluxo sanguíneo cerebral. Como um órgão pode não se beneficiar quando abarrotado por esse bálsamo rubro, energia da vida?*

*Trinta minutos.*

*Desacelero.*

*Descanso.*

*Sinto meu coração através dos ossos, da pele.*

*Respiro.*

*Meu corpo não é mais o mesmo de trinta minutos atrás. O desequilíbrio me reestabeleceu, fortaleceu meu caráter. Tudo ficou para trás.*

*Êxtase de drogas que eu mesma produzi.*

*Minha mente leve em suspensão, flutua.*

*Estou pronta."*

# CAPÍTULO VII

# CALMA, RESPIRA! OS INCRÍVEIS EFEITOS DA RESPIRAÇÃO NO CÉREBRO

Respire sutil e lentamente.

Mais uma vez.

Uma sensação de calma se espalha. Agora respire tensa e freneticamente e sentirá a tensão se acumulando. Por que isso acontece? Era uma pergunta nunca respondida pela ciência, até alguns anos atrás. Em 2017, Yackle *et al.* identificaram um grupo de neurônios no tronco encefálico que conecta diretamente a respiração aos estados mentais. As descobertas decorrem de pesquisas sobre o marca-passo respiratório, um aglomerado de 175 neurônios no tronco encefálico chamado de complexo pré-Bötzinger (ou preBötC), que afetam, ao mesmo tempo, respiração, estados emocionais e estado de alerta. Durante a pesquisa, ao eliminar esses neurônios, os principais padrões respiratórios dos camundongos permaneceram inalterados, mas eles se tornaram significativamente mais calmos. Mesmo em ambientes novos e excitantes, eles não apresentavam mais a respiração rápida e frenética que normalmente acompanha essas situações, mas uma profunda e sutil, seguida de um comportamento relaxado.

Essa informação levou à descoberta de uma ligação entre o preBötC e outra estrutura do tronco cerebral que afeta a excitação, o *locus coeruleus*. Os pesquisadores concluíram que, ao invés de regular a respiração, esses neurônios a espiavam e reportavam seus achados para o *locus coeruleus*, núcleos de neurônios que produzem norepinefrina e que enviam projeções a todo o cérebro, controlando os níveis de ativação cortical (vigília/sono, alerta, ansiedade e estresse). Quanto mais informações esses neurônios reportavam ao *locus coeruleus*, mais agitados e ativados ficavam os ratos e, consequentemente, menos relaxados (e vice-versa). As mesmas estruturas já foram encontradas em humanos em pesquisas mais recentes. Em outras palavras, eles descobriram o circuito neural que nos deixa ansiosos quando respiramos rapidamente e calmos quando o fazemos lentamente.

Assim, embora pareça algo passivo e completamente involuntário, o modo como respiramos tem enorme influência na fisiologia e no comportamento. A respiração não é apenas mais uma das nossas funções autônomas. Ela é a única sobre a qual temos controle. A respiração pode configurar o formato do rosto, expandir vias aéreas, controlar batimentos cardíacos e temperatura corporal, reduzir a incidência de infecções respiratórias e, particularmente, impactar todo o sistema nervoso. A neurociência tem evidenciado cada vez mais a ligação entre respiração e emoções através de estudos que observam as relações entre os neurônios do complexo pré-Bötzinger, o nervo vago, as vias parassimpáticas e o diafragma: um complicado circuito de troca de informações entre cérebro, abdômen e pulmões responsável por alterações no estado mental através da respiração (e vice-versa). Além disso, funções cognitivas como memória e atenção também sofrem influência da respiração, já que estruturas em comum no cérebro, como o *locus coeruleus*, são responsáveis por mecanismos relacionados tanto à respiração quanto à atenção e à memória, gerando um fluxo bidirecional e mutuamente influenciável de informações acerca desses processos, como veremos mais à frente.

Sem uso da ciência moderna e utilizando o próprio corpo como laboratório, antigos sistemas filosóficos, como a yoga, já conheciam essa relação e como utilizar práticas específicas para induzir determinados estados mentais. Fascinante.

## Respiração, estados e transtornos mentais

Dentre os medicamentos mais vendidos no Brasil estão os ansiolíticos, drogas que parecem feitas sob medida para dias estressantes e

CALMA, RESPIRA! OS INCRÍVEIS EFEITOS DA RESPIRAÇÃO NO CÉREBRO

crises de ansiedade. De fato, o medicamento é eficaz, mas, como toda droga, tem efeitos colaterais, causa dependência e reduz a produtividade. Será que para a maioria das pessoas é a melhor solução?

Você pode até pensar que estratégias como a respiração não são tão potentes quanto uma droga. Mas, em momentos de ansiedade paralisante e estresse, respirar é o ideal. O ansiolítico demora até uma hora para fazer efeito. Algumas práticas respiratórias, ao contrário, têm efeito IMEDIATO. Dentre as mais conhecidas e com mais evidência científica para redução do estresse e da ansiedade estão as que enfatizam a expiração e as profundas ou diafragmáticas. Mais uma vez, são os neurônios do complexo pré-Bötzinger que, como já mencionado, fazem a ponte entre respiração e estado mental, uma integração impossível de ser realizada através do uso de drogas. A respiração profunda e lenta induz o *locus coeruleus* a reduzir a produção de noradrenalina, enquanto uma curta e superficial faz com que o *locus coeruleus* aumente a produção deste neurotransmissor, levando a um estado de agitação mental e de ansiedade. Essa comunicação direta e imediata entre respiração e neurônios do complexo pré-Bötzinger, cuja finalidade é a alteração do estado mental, é feita pelo incrível e multifuncional nervo vago.

O nervo vago, décimo par de nervos cranianos, tem papel crucial na resposta de relaxamento. Não só indiretamente, como intermediário entre estímulos respiratórios e neurônios do Complexo pré-Bötzinger, mas diretamente, como principal via de ação do sistema nervoso parassimpático, subdivisão do sistema nervoso autônomo. Aliás, muitos dos transtornos psiquiátricos, incluindo ansiedade, humor, pânico, estresse pós-traumático e déficits de atenção, estão associados a uma disfunção no sistema nervoso autônomo. Nestes casos, aumentar a hipoatividade do sistema nervoso parassimpático (SNP) e reduzir a atividade exagerada do sistema nervoso simpático (SNS) reduzem a sintomatologia. Apesar de medicamentos controlados conseguirem reduzir a atividade do SNS, eles não são capazes de corrigir a hipoatividade do SNP. E como dito, a maioria das vias parassimpáticas estão contidas no nervo vago, cujas longas ramificações inervam órgãos internos e glândulas.

Estudos mostram que as práticas respiratórias melhoram sintomas de ansiedade, depressão, estresse, trauma e outras condições através de um modelo de equilíbrio simpato-vagal, proposto por Brown e Gerbarg (2005). Estas práticas induzem mudanças profundas no padrão respiratório, alterando as mensagens interoceptivas enviadas pelas vias aferentes vagais, ou seja, da periferia ao sistema nervoso central, através de núcleos do tronco encefálico para o sistema límbico, hipotálamo, tálamo, córtex pré-frontal, ínsula e redes diversas envolvidas na percepção, interpretação, regulação das emoções e funções cognitivas.

Além disso, a respiração profunda e consciente aumenta a transmissão de GABA (neurotransmissor inibitório) entre o córtex pré-frontal e a amígdala, reduzindo a atividade desta última, que está hiperativa em diversos transtornos mentais (STREETER *et al.*, 2020). Em outras palavras, as vias neurais de mão dupla entre o sistema respiratório e o cérebro são rápidas e potentes, de modo que as informações interoceptivas ("que vêm de dentro"), produzidas pelos padrões respiratórios, têm efeito global e significativo na função cerebral, alterando instantaneamente como nos sentimos e o que estamos pensando.

A respiração profunda (diafragmática) é uma abordagem extensamente utilizada em diversos tipos de psicoterapias. Estudos mostram que essa prática tem impacto na redução de transtorno de estresse pós-traumático, ansiedade generalizada, depressão, insônia, estresse e condições psicossomáticas através dos mecanismos citados anteriormente (MA *et al.*, 2017). O que poucos sabem, no entanto, é que existem outras técnicas, igualmente baseadas em evidências, cujos efeitos na regulação emocional são específicos para determinadas condições. Estudos mostram, por exemplo, que indivíduos com depressão ou TDAH são particularmente beneficiados por técnicas de respiração que envolvem algum componente de movimento, como o Qi Gong, o tai chi ou exercícios específicos da yoga. A atenção dada à coordenação do movimento com a respiração aumenta a atividade do córtex pré-frontal dorsolateral (atenção) e reduz a da amígdala (medo/ansiedade), ocasionando melhora nos níveis de atenção e alívio nas emoções negativas (BROWN; GERBERG, 2005).

A associação entre respiração e estado mental também é evidente em pacientes com dificuldades respiratórias (especialmente relevante nesses tempos pós-COVID-19). Quando as dificuldades são

**Figura 17**: Núcleos (grupos de neurônios) respiratórios do tronco encefálico, incluindo os neurônios espiões da respiração, o complexo pré-Bötzinger.

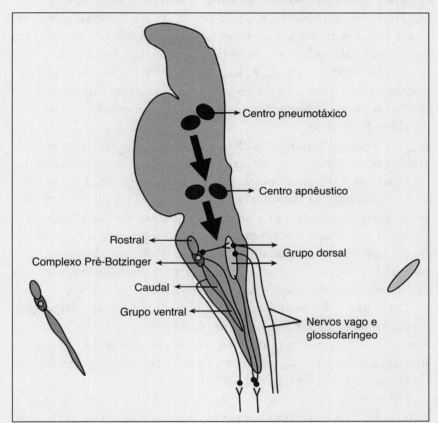

*Fonte:* Adaptado de: PRESSBOOKS. The Control of Breathing. Disponível em: https://pressbooks.lib.vt.edu/pulmonaryphysiology/chapter/control-of--breathing/. Acesso em: 25 set. de 2023.

esporádicas e agudas, elas podem induzir ataques de pânico. Quando são crônicas, geram uma ansiedade silenciosa. Estima-se que mais de 65% das pessoas com doença pulmonar crônica tenham ansiedade ou depressão. Não é coincidência. Algumas respirações indicadas para estes indivíduos são a alternada e a completa, com foco especial na percepção das fases da respiração. Essa atenção dada à inspiração e à expiração pode ter papel essencial na resposta do cérebro. Estudos mostram que o foco atencional reduz o estresse e as emoções negativas através do aumento na ativação do córtex pré-frontal dorsolateral (uma área relacionada a algumas funções executivas e atenção em particular) e da redução de atividade da amígdala (medo e emoções associadas) (DOLL *et al.*, 2016). Isso significa que, ao impor um controle consciente sobre a respiração, conseguimos silenciar áreas instintivas, como a amígdala, resultando em um estado mental mais equilibrado e calmo.

As práticas respiratórias podem também auxiliar no tratamento do transtorno de pânico, já que as crises estão associadas a anormalidades respiratórias. Os sintomas incluem falta de ar, tonturas, hiperventilação e taquipneia. O aumento nos níveis de $CO_2$ no sangue tem sido frequentemente associado à indução de ataques de pânico. Estudos sugerem que as crises ocorrem quando o "monitor de sufocamento" no cérebro, erroneamente, sinaliza falta de ar, disparando o sistema de alarme de sufocamento. Essa disfunção torna o indivíduo vulnerável a "falsos alarmes" ou ataques de pânico (NARDI *et al.*, 2000).

Por outro lado, pesquisas mostram que treinar controladamente o organismo a tolerar baixos e crescentes níveis de $CO_2$ no sangue (como em exercícios respiratórios específicos) reduz a frequência e intensidade das crises de pânico, mostrando-se eficazes no tratamento do transtorno (MEURET *et al.*, 2009).

No que diz respeito à redução rápida dos níveis de estresse e ansiedade, duas técnicas se mostraram eficazes em estudos científicos: o suspiro fisiológico e a respiração da caixa. A primeira conseguiu reduzir os sintomas, tanto em tempo real quanto quando as pessoas não a estavam realizando. A dupla inspiração do suspiro fisiológico (daí o nome) reabre os alvéolos colapsados e restaura o equilíbrio simpatovagal. Além disso, a expiração prolongada reduz transitoriamente o tamanho do coração e aumenta o fluxo sanguíneo, fazendo com que o sistema nervoso envie uma mensagem de que é necessário reduzir a frequência cardíaca (FC). É o que chamamos de variabilidade cardíaca. Ao reduzir a FC, reduz-se rapidamente a atividade do sistema nervoso simpático e consequentemente os níveis de estresse e ansiedade (BALBAN *et al.*, 2023).

CALMA, RESPIRA! OS INCRÍVEIS EFEITOS DA RESPIRAÇÃO NO CÉREBRO

A outra técnica, a respiração da caixa, ajusta padrões respiratórios e promove plasticidade. A técnica requer uma avaliação prévia, mas muito simples, da taxa respiratória por minuto. Por que avaliar essa taxa é importante? Se você respirar de maneira superficial, vai precisar respirar mais. Os padrões ideais incluem respiração nasal e pausas entre as fases (o normal são aproximadamente — ou deveriam ser — 6 litros de ar/minuto). Avalia-se a taxa respiratória através de um teste de tolerância de $CO_2$, que envolve mensurar quanto tempo dura a expiração controlada. De forma resumida:

— 20 segundos ou menos — baixa tolerância de $CO_2$.
— 25-45 segundos — tolerância moderada de $CO_2$.
— 50 segundos ou mais — alta tolerância de $CO_2$.

Com base nesses números, você vai organizar a respiração da caixa. É chamada assim porque cada "lado da caixa" equivale a uma fase da respiração (toda respiração deve ter 4 fases: inspiração, pausa, expiração e nova pausa), cuja duração vai depender do teste de tolerância de $CO_2$. E por que essa técnica é importante? É uma prática que ajusta os padrões respiratórios e aumenta o controle neuromecânico do diafragma (neuroplasticidade). Os resultados são, além de um aumento na quantidade de ar com menos respirações, reduções nos níveis de ansiedade e estresse (BALBAN *et al.*, 2023) (as duas técnicas estão descritas no final deste capítulo).

Até agora vimos práticas de respiração profunda ou que enfatizam a expiração, cujos efeitos são os mais indicados na redução da ansiedade e do estresse. No entanto, existem técnicas que, ao aumentarem a taxa respiratória, induzem estados mentais mais agitados ou estimulados (lembra do aumento na liberação de norepinefrina pelo *locus coeruleus*?). Práticas mais vigorosas, como a hiperventilação, aumentam a motivação, a atenção, o nível de alerta, o gasto metabólico e a resposta simpática, de modo que são indicadas em situações de letargia (em estágios específicos da depressão), prostração, dificuldade de concentração, déficit de atenção, antes do início da atividade física e de circunstâncias de aprendizado e ao levantar-se (de manhã). Estudos mostram que o aumento no ritmo respiratório, em consequência da hiperventilação, altera a atividade cerebral da amígdala e do hipocampo, tornando-nos mais alertas, atentos e com melhor capacidade de memorização (ZELANO *et al.*, 2016). Se pensarmos que o aumento na velocidade da respiração está instintivamente associado à resposta à ameaça, faz todo sentido que essa alteração cerebral resulte em respostas mais rápidas e maior lembrança dos estímulos.

Há ainda a relação entre o aumento da ventilação e as alterações nas trocas gasosas. Quando respiramos ocorrem trocas gasosas: entrada de $O_2$ e saída de $CO_2$. O que muitos não sabem é que o gás carbônico é essencial para a liberação do oxigênio nos tecidos. Quando os níveis de gás carbônico estão muito baixos (hipocapnia), há aumento da resposta simpática, da adrenalina, dos níveis de ansiedade e da vasoconstrição. A redução na vasodilatação leva à diminuição do fluxo sanguíneo, inclusive no cérebro, alterando, consequentemente, os níveis de excitabilidade cortical (com menos sangue, os neurônios aumentam desordenadamente a atividade, resultando em hiperexcitação e redução da capacidade de processar informações). Por isso dizemos que o cérebro usa a respiração para controlar a si próprio e regular sua atividade. Assim, é possível "respirar demais" e superestimular o cérebro. Durante a hiperventilação natural (que acontece, por exemplo, quando estamos estressados ou ansiosos), há aumento nos níveis de oxigênio e queda nos níveis de gás carbônico. A queda nos níveis de gás carbônico dificulta a vasodilatação e a liberação de oxigênio nos tecidos. No cérebro, leva à redução de 40% nos níveis de $O_2$ e de fluxo sanguíneo. Os neurônios aumentam a atividade (o que chamamos *de signal-to-noise*, ou seja, há um sinal maior que se sobrepõe à atividade normal dos neurônios, nesse caso o *"noise"* é maior), resultando em hiperexcitação neuronal e redução na capacidade de processar informações. Assim, se você está ansioso ou estressado, inconscientemente respira mais vezes por minuto. Mas o resultado pode ser contraproducente, já que a redução nos níveis de gás carbônico leva à hiperestimulação neuronal. Os resultados? Aumento na atividade simpática e nos níveis de ansiedade (mais do que já estava!) e redução da capacidade de processamento dos neurônios. Mas essas técnicas também têm propriedades terapêuticas. Basta saber por quem e quando devem ser usadas.

## Respiração e funções cognitivas

Além do estado mental e das emoções, a respiração afeta também funções cognitivas como memória e atenção.

Estudos mostram que o ritmo da respiração afeta as oscilações da atividade elétrica cerebral. Inicialmente, em áreas conectadas ao circuito olfatório e, depois, no hipocampo, ínsula, amígdala e córtex. As fases e os modos de respiração afetam essas oscilações que, por sua vez, influenciam a memória. Durante a inspiração, e apenas nasal, há maior memorização e reconhecimento mais rápido de expressões faciais. Mas a consolidação das memórias e o processamento emocional reduzem drasticamente se a respiração muda para bucal. As oscilações produzidas pela respiração nasal são direcionadas pelo bulbo olfatório até o córtex piriforme e de lá propagadas ao hipocampo para modularem os processos neurais críticos à formação das memórias. Esse e outros resultados indicam que a respiração nasal modula a percepção e a cognição em humanos (HERRERO *et al.*, 2018; PERL *et al.*, 2019; ZELANO *et al.*, 2016). No entanto, a respiração oral cessa esses ritmos e impacta negativamente a codificação e o reconhecimento de engramas, reduzindo o desempenho da memória. Isso acontece porque quando o ar é direcionado para a boca, a comunicação entre a rede sensorial (bulbo olfatório) e a de memória, durante a consolidação da informação, reduz drasticamente, dificultando a memorização

Há ainda uma relação da respiração e da memória com o olfato. Pesquisas mostram que danos no sentido do olfato podem prever o aparecimento de demências. A amígdala e o hipocampo, áreas essenciais na codificação de memórias emocionais, estão localizados ao lado do córtex olfativo. Ao respirarmos, nossos receptores olfativos captam não só as variações no olfato, mas no fluxo de ar, ativando partes diversas do cérebro na inspiração e na expiração. Um estudo recente mostrou que a inspiração profunda é capaz de codificar melhor as memórias, especialmente as emocionais, quando comparada à expiração. A inspiração profunda ativa concomitantemente neurônios do córtex, da amígdala e do hipocampo (e todo o sistema límbico), mas o mesmo não acontece na expiração. E essa diferença é dramática.

Além disso, essas alterações só foram observadas na respiração nasal. Em resumo, ao inspirar profundamente, sincronizamos oscilações cerebrais ao longo de todo o sistema límbico, alterando de modo expressivo funções cognitivas como atenção e memória (ZELANO et al., 2016).

A atenção também é influenciada pela respiração. Quando estamos atentos, os neurônios do *locus coeruleus*, no tronco encefálico, disparam numa média estável, mas potente, aumentando a transmissão de noradrenalina. Quando perdemos o foco, o disparo neuronal perde a estabilidade e se torna esporádico. O *locus coeruleus* está envolvido não só em processos cognitivos e atencionais e na excitação cortical, mas também na função respiratória, já que seus neurônios são sensíveis às alterações nas taxas de $CO_2$ no sangue.

**Figura 18:** A respiração (nasal) é capaz de influenciar todo o circuito relacionado à memória.

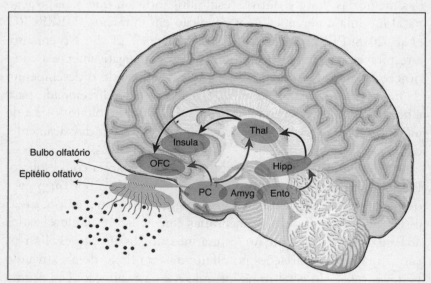

OFC: córtex orbitofrontal, Thal: tálamo, Amyg: amígdala, Hipp: hipocampo, Ento: córtex entorrinal, no complexo hipocampal e PC: córtex piriforme ou olfativo. *Fonte:* Adaptado de: Saive AL, Royet JP, Plailly J. A review on the neural bases of episodic odor memory: from laboratory-based to autobiographical approaches. Front Behav Neurosci. 2014 Jul 7;8:240.

CALMA, RESPIRA! OS INCRÍVEIS EFEITOS DA RESPIRAÇÃO NO CÉREBRO

Um estudo recente mostrou que os neurônios do *locus coeruleus* disparam em sincronia com a respiração, de modo que, se houver alteração no ritmo respiratório, os neurônios respondem de modo equivalente, fazendo oscilar também os níveis de atenção. Atenção e respiração, portanto, estão acopladas no nível neural e a transferência de informação entre estes dois sistemas ocorre bidirecionalmente. Em poucas palavras, esse grupo de neurônios atua como ponte entre atenção e respiração (MELNYCHUK *et al.*, 2017).

As práticas de modulação da respiração podem alterar a natureza deste acoplamento. Uma atenção mais apurada está inevitavelmente conectada à uma modulação mais precisa da respiração. O aumento da atenção em consequência da prática de respiração acontece via projeções entre o *locus coeruleus* e o córtex cingulado anterior, cujo resultado é uma redução drástica na atividade da rede *default* (aquela que entra em ação quando perdemos o foco e "viajamos").

Por outro lado, estudos anteriores já haviam observado que só é possível ter melhoras nos níveis de atenção quando os níveis de estresse estão reduzidos e a percepção aumentada. Em 2016, Sonne e Jansen observaram que o relaxamento produzido a partir da respiração diafragmática melhora de modo significativo os níveis de atenção. Do ponto de vista neurofisiológico, a respiração ajusta o sistema nervoso autônomo, indicado pelo aumento na variabilidade cardíaca, modulando, como resultado, o desempenho cognitivo. Ou seja, a respiração correlaciona mente e corpo para regular o processamento de informações relacionadas à atenção. Jerath *et al.* (2015) sugerem ainda que a respiração estimula a ativação vagal de vias gabaérgicas do córtex pré-frontal e da ínsula para a amígdala, inibindo esta última (através do neurotransmissor inibitório GABA). O resultado é a desativação do sistema límbico e do córtex pré-frontal rostral e a ativação do córtex pré-frontal dorsolateral, resultando em aumentos dos níveis de atenção (TOMASINO; FABBRO, 2016). Esses resultados sugerem que a respiração é capaz de alterar a atividade do comandante do cérebro, o córtex pré-frontal, que, por sua vez, coordena a atividade do sistema límbico e modula o sistema nervoso autônomo, influenciando o desempenho cognitivo.

BEM-ESTAR COM NEUROCIÊNCIA

Por último e não menos interessante, estudos recentes mostram que a respiração afeta ainda a circulação do líquido cerebroespinal (LCE). A circulação do líquido cerebroespinal é essencial para diversas atividades: regulação da pressão intracraniana, mecanismo de detox dos dejetos da atividade cerebral, fases de flexão/extensão de movimentos do crânio e manutenção da homeostase eletrolítica de pH e de nutrientes no cérebro. Além disso, o LCE transporta neurotransmissores, fatores de liberação, hormônios e neuropeptídeos. Acreditava-se que as pulsações arteriais intracranianas eram os componentes mais relevantes no movimento do LCE do encéfalo para a medula. Mas, um estudo recente mostrou que a respiração é a força mais importante na movimentação do LCE e do sangue (DREHA-KULACZEWSKI *et al.*, 2015). Durante a inspiração, o LCE se move para cima, para a cavidade do crânio e dos ventrículos laterais. Na expiração, o movimento é reverso. Durante a inspiração profunda, há aumento da saída de sangue venoso do crânio para a medula e da entrada de LCE da medula para o crânio, sinalizando importante aumento no sistema de drenagem de dejetos no cérebro. Ou seja, respirar profundamente limpa o cérebro e melhora a atividade cerebral.

Estudos mostram que indivíduos com boa força respiratória e controle muscular produzem um movimento mais forte do LCE acoplado à respiração (CHEN *et al.*, 2015). A atividade potente do diafragma junto à respiração coordenada melhora o retorno venoso ao coração.

Condições que causam redução no retorno venoso ao coração podem interferir na habilidade da respiração em direcionar o LCE. Evidentemente, as implicações clínicas são inúmeras, tanto na atividade cardiovascular, quanto na cerebral e, mais especificamente, nas funções cognitivas e de autorregulação emocional.

Depois de ler esse capítulo, você nunca mais vai pensar na respiração como algo passivo e sem influência. A respiração é única, no sentido de ser apenas mais uma das funções autônomas. É a única sobre a qual temos controle. A respiração altera o estado mental, a memória e os níveis de atenção, tendo enorme potencial terapêutico no tratamento dos transtornos psiquiátricos e na regulação das emoções em geral.

## Suspiro fisiológico

Essa é uma das técnicas com mais evidência científica para redução imediata dos níveis de estresse e ansiedade. A eficácia é baseada na própria anatomia do sistema cardiovascular e na ligação fisiológica entre coração e sistema nervoso.

Quando inspiramos, o diafragma e outros músculos se movem de tal forma que o tórax se expande, deixando um pouco mais de espaço para o coração. Em resposta, o coração também se expande, fazendo com que o sangue dentro dele diminua ligeiramente. Os neurônios do coração prestam atenção à taxa de fluxo sanguíneo e então sinalizam ao cérebro que o sangue está se movendo mais lentamente. O cérebro envia um sinal de volta para acelerar o batimento cardíaco. Portanto, se suas inspirações forem mais longas do que as expirações, o coração acelera. O oposto acontece quando você expira. Tudo se contrai, inclusive o coração, o que aumenta o fluxo sanguíneo. O cérebro então entende que deve enviar uma mensagem para que o coração desacelere. E é exatamente isso que a técnica proporciona quando enfatiza a expiração. Ou seja, quando estamos estressados, a frequência cardíaca aumenta, o que significa que se quisermos nos acalmar rapidamente, precisamos fazer expirações mais longas.

O suspiro fisiológico altera o ritmo respiratório ao enfatizar expirações mais longas e respirações mais lentas, agindo como um interruptor para interromper a resposta ao estresse. A técnica é desconcertantemente simples:

1. Duas inspirações curtas pelo nariz (como se estivesse suspirando);
2. Uma longa expiração;
3. Repita algumas vezes.

## Respiração da caixa

A respiração da caixa, também conhecida como respiração quadrada, é uma técnica baseada em evidência que ajuda na redução dos

BEM-ESTAR COM NEUROCIÊNCIA

níveis de estresse e ansiedade. É baseada na coerência respiratória e na variabilidade da frequência cardíaca. E, como o suspiro fisiológico, é uma técnica extremamente simples:

1. Expulse todo o ar dos pulmões e mantenha os pulmões vazios durante alguns segundos;
2. Inspire pelo nariz contando até quatro segundos;
3. Segure o ar nos pulmões também por quatro segundos;
4. Solte e expire suavemente pelo nariz contando até quatro segundos;
5. Repita esse ciclo por pelo menos cinco minutos.

A respiração da caixa (cada lado da caixa é uma fase da respiração, daí o nome) com a proporção de 4:4 é um número generalizado que pode ser realizada pela maioria das pessoas. Se você tiver boa capacidade respiratória, pode fazer em proporções maiores, com 6:6 ou 8:8.

# CAPÍTULO VIII

# FECHE OS OLHOS E SE CONCENTRE: O PODER DAS PRÁTICAS CONTEMPLATIVAS PARA O BEM-ESTAR

*"Sente-se com as pernas cruzadas, coluna reta e olhos fechados. Concentre-se na sua respiração. Concentre-se no vai e vem de ar que entra e sai dos pulmões..."*

Bastam alguns minutos assim e logo começamos a nos sentir mais introspectivos, calmos e atentos. Nem todos já meditaram, mas a maioria conhece, ainda que superficialmente, o que é esta prática. Ou, pelo menos, ouviu falar.

Mas, afinal, o que é meditação? O que é yoga? E, principalmente, o que acontece no cérebro quando realizamos essas práticas contemplativas?

## Basta fechar os olhos?

Do ponto de vista cognitivo, meditação pode ser conceituada como uma família de práticas regulatórias que afeta eventos mentais por meio do engajamento em um conjunto específico de sistemas de atenção. Tais práticas induzem um estado reprodutível e distinto, claramente indicado por características físicas ou cognitivas reportáveis pelo praticante. Acredita-se que o estado evocado tenha um efeito previsível sobre a mente e sobre o corpo, de modo que, quando induzido repetidamente, traz benefícios relevantes, como a redução de traços mentais e comportamentais indesejados. Como resultado, experimentamos relaxamento, apaziguamento das emoções, melhora na atenção e na concentração: alterações benéficas no funcionamento de circuitos neurais e do sistema imunológico.

Partindo do pressuposto de que os diferentes estados mentais são acompanhados por diferentes condições neurofisiológicas, pode-se afirmar que a meditação induz a ocorrência de dois tipos de alterações psicofisiológicas: mudanças no estado (temporárias) e no traço (permanentes). As mais comuns, chamadas de mudanças no estado, são alterações de curto prazo que ocorrem durante ou imediatamente após a prática de meditação e se referem a alterações sensoriais, cognitivas e de autoconsciência. Tais mudanças podem incluir: experiências de clareza de percepção e consciência; sentimento de calma ou tranquilidade; e foco de atenção em direção ao objeto de meditação. Algumas dessas modificações podem não estar diretamente relacionadas às mudanças induzidas pela prática e, por isso, são consideradas "efeitos colaterais". Alguns exemplos incluem: profundo senso de equanimidade; redução de pensamentos negativos; maior consciência das percepções sensoriais; maior sensação de conforto; mudança na experiência de pensamentos e sentimentos; e melhora da autoconsciência.

Como, no geral, a meditação envolve uma forma de treino de atenção, esta costuma ser a função cognitiva mais afetada pela prática. Assim, os efeitos neurofisiológicos e neuropsicológicos da meditação sobre os processos atencionais são os mais estudados. As atenções concentrada e seletiva cultivadas durante as técnicas de concentração produzem melhoras significativas em habilidades específicas, como a capacidade de ignorar estímulos desnecessários ou distrações (VORKAPIC; RANGÉ, 2013). Outros estilos de meditação cultivam uma atenção mais distribuída que, por sua vez, promove a habilidade de sustentar por mais tempo um estado de atenção e a flexibilidade de deslocá-la em direção a estímulos inesperados. Os resultados de pesquisas com variáveis psicológicas e cognitivas mostram que existem distinções nos mecanismos subjacentes às diversas técnicas de meditação. As diferentes práticas parecem ser capazes de atuar na atenção e na regulação emocional, corroborando com a ideia de que, mesmo havendo especificidades em cada prática, todas possuem

FECHE OS OLHOS E SE CONCENTRE

a autorregulação da atenção e da emoção como processos básicos comuns. Em outras palavras, o que as pesquisas mostram é que o simples fato de estarmos especialmente atentos aos nossos pensamentos e comportamentos nos torna capazes de regular melhor as emoções. E é essa a razão pela qual as práticas meditativas se tornaram especialmente importantes na área da saúde mental. Mas como, e por que, melhorar a atenção permite equilibrar melhor as emoções? Isso significa que uma mente atenta experimenta mais bem-estar?

Em um estudo clássico, Killingsworth e Gilbert (2010) descobriram que praticamente metade dos nossos pensamentos não está relacionada ao que estamos fazendo. Durante um intervalo de um dia, estamos sonhando acordados em 47% do tempo. Os resultados mostram que toda essa divagação mental, sem foco, não está nos tornando mais felizes. Exatamente como afirmam as abordagens orientais, estamos mais felizes quando pensamento e ação estão alinhados, mesmo que apenas durante uma tarefa simples, como lavar os pratos. O estudo mostrou ainda que mesmo que se esteja imaginando experiências positivas durante, por exemplo, a tarefa de passar ferro na roupa, os indivíduos mais felizes são aqueles que pensam sobre passar ferro enquanto estão passando ferro. Além disso, foi observado também que os índices de felicidade não estão associados ao tipo de atividade realizada. Poderíamos, por exemplo, pensar que as pessoas que estão sempre viajando ou se divertindo são mais felizes que os que ficam em casa e dormem cedo. Certo? Não necessariamente. O estudo mostra que presença mental — combinação entre pensamento e ação de modo atento — é um prognóstico muito mais preciso de felicidade do que o modo como um indivíduo passa seu dia.

Toda essa divagação está relacionada a um padrão conspícuo de atividade cerebral conhecido como rede *default*. "*Default*", ou padrão, recebe esse nome porque é para onde nosso cérebro "retorna" quando não estamos engajados em alguma atividade.

Mas por que nosso cérebro está programado para "viajar"? Segundo uma das teorias mais atuais, o cérebro está calibrado para um nível específico de excitação. Se a tarefa é chata ou entediante e pode ser feita no piloto automático, o cérebro economiza energia (cognição) e nos envia para a terra da divagação. O estudo de Harvard mostrou que o cenário parece ser ainda pior. Os pesquisadores observaram que o cérebro entra em modo *default* mesmo quando está engajado em atividades. Naturalmente, existe a possibilidade de toda essa divagação não ter nenhum significado e ser apenas um subproduto da atividade mental. Sendo assim, se queremos ser mais felizes, precisamos desenvolver atenção plena e presença. A boa notícia é que essas funções são plásticas e passíveis de melhora, e podem ser aperfeiçoadas através das práticas contemplativas.

De qualquer modo, o resultado prático de todas essas pesquisas é que engajamento atento de corpo-mente-fala durante atividades ou interações humanas melhora a regulação emocional e aumenta a frequência de emoções positivas. O treinamento da atenção, através das práticas contemplativas, resulta em uma série de processos atencionais e emocionais que produzem uma espiral de positividade e tem grande impacto na saúde mental. Pesquisas mostram que as práticas contemplativas promovem melhora da atenção, reduzem a ruminação e a ansiedade, aumentam a experiência presente e ajudam na regulação emocional. Dado o baixo custo e o potencial terapêutico, é preciso priorizar pesquisas científicas relacionadas. Desse modo, podemos entender melhor os mecanismos adjacentes e fornecer aos profissionais de saúde informações baseadas em evidências.

**Figura 19:** A rede padrão ou *default* é caracterizada por atividade espontânea, com grande variabilidade individual, em circuitos que conectam o córtex pré-frontal medial, o giro cingulado posterior, o pré-cúneo e partes dos lobos parietais.

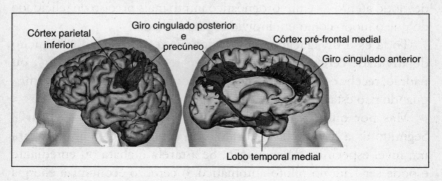

*Fonte:* elaborada pela autora.

FECHE OS OLHOS E SE CONCENTRE

De fato, uma quantidade significativa de estudos nas últimas décadas vem mostrando a eficácia dessas técnicas na manutenção da saúde mental e no tratamento de transtornos (VORKAPIC; RANGÉ, 2013; VORKAPIC; RANGÉ, 2014). Os estudos mostram tantas alterações no funcionamento (atenção, por exemplo) quanto na anatomia das estruturas cerebrais (LAZAR *et al.*, 2005). Em seguida, faremos um mergulho nas alterações fisiológicas e bioquímicas no cérebro em decorrência da prática da meditação e da yoga.

## Meditação e cérebro

Os efeitos da meditação no cérebro são inúmeros, desde regulação de neurotransmissores, alteração na atividade de áreas e circuitos neurais, até o aumento de massa cinzenta em determinadas regiões. Pesquisas recentes demostram que as técnicas contemplativas reduzem a ativação do eixo HPA e a liberação de cortisol e adrenalina (VORKAPIC; RANGÉ, 2013). De fato, o maior recurso terapêutico dessas práticas parece ser o de funcionar como uma antítese à resposta ao estresse, facilitando o relaxamento. Essa resposta de relaxamento consiste em uma redução generalizada do nível de excitação somática e cognitiva, como consequência da diminuição da atividade do eixo HPA e do sistema nervoso simpático. Além disso, as práticas ativam sistemas neuromusculares antagônicos que podem aumentar a resposta de relaxamento no sistema neuromuscular e estimular positivamente o sistema límbico. Tanto em curto como em longo prazo, a meditação está associada a reduções nos níveis de cortisol basal, na secreção de catecolaminas e no consumo de oxigênio (SHANNAHOFF-KHALSA, 2004) — todas reações fisiológicas associadas a uma maior resposta de relaxamento.

A prática frequente dessas técnicas poderia também estar relacionada a uma classe de comportamento que aumenta a influência vagal (relacionada ao nervo vago) e apoia comportamentos de engajamento social espontâneo, reduzindo reações de luta ou fuga e, consequentemente, estresse (PORGES, 2003). Do ponto de vista psicológico, a meditação tem sido usada para reduzir os efeitos negativos do estresse, da depressão e da ansiedade. Com a prática, o indivíduo não só aumenta a capacidade de ser resiliente ao estresse, mas de responder ao ambiente de maneira mais adaptativa. A prática da meditação *mindfulness*, por exemplo, melhora a atenção promove mudanças nos julgamentos e nas avaliações cognitivas, auxilia na redução da ansiedade e do estresse e promove melhora na capacidade do indivíduo em lidar de maneira mais eficaz com situações estressantes. Essa estratégia cognitiva, que fornece um número maior de opções de resposta e maior sentimento de controle, pode, pelo menos em parte, ser responsável pelas melhoras psicológicas e físicas de longo prazo, observadas com a prática da meditação. Desse modo, é possível dizer que a meditação representa uma poderosa ferramenta de manipulação cognitiva, equipando o aparato psicológico com melhores opções de gerenciamento do estresse e da ansiedade. Algumas hipóteses já especulavam que é justamente a avaliação cognitivo-emocional das situações que determina o estresse experimentado subsequentemente. Além disso, a prática meditativa parece ser uma experiência profunda, com repercussões em diversos âmbitos da vida. Estudos qualitativos indicam que muitos meditadores que buscam integrar a prática ao seu ambiente profissional relatam melhor qualidade de trabalho, maior produtividade e assertividade e melhor qualidade nas relações interpessoais (RICH *et al.*, 2022).

Além das mudanças neuropsicológicas, também ganhou destaque a investigação dos efeitos da meditação na própria estrutura do cérebro, sob a premissa de que estados mentais podem alterar a anatomia e a fisiologia das estruturas cerebrais. Muitos estudos recentes se propõem a observar tais modificações utilizando as mais diversas ferramentas. Foi verificado, por exemplo, que a redução do estresse e da ansiedade e o aumento de afetos positivos produzem mudanças na atividade elétrica do cérebro. Através do exame de eletroencefalograma quantitativo (EEGq), foi observado um aumento de ondas Alfa nas regiões frontais (lobo frontal) e, em menor quantidade, de ondas Theta, tanto em iniciantes quanto em meditadores avançados, embora as ondas Theta estejam mais associadas a um maior tempo de prática (mais comum em meditadores com maior experiência) (AFTANAS; GOLOCHEIKINE, 2001). As ondas Alfa estão associadas a estados de relaxamento, enquanto as ondas Theta podem representar aumento na atividade de áreas temporais do cérebro, onde está localizado o hipocampo, uma estrutura relacionada à formação de novas memórias (AFTANAS; GOLOCHEIKINE, 2001).

**Figura 20:** Ondas cerebrais captadas por um eletroencefalograma quantitativo.

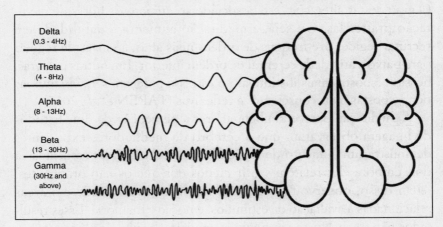

*Fonte:* Adaptado de https://www.shutterstock.com/pt/search/eeg.

Outra pesquisa, que comparou a espessura do córtex cerebral de meditadores experientes com um grupo de não praticantes (controle), encontrou uma diferença significativa nas regiões associadas à sustentação da atenção, onde a espessura era maior nos praticantes experientes (LAZAR et al., 2005). Esse estudo corrobora a ideia de que a regularidade e a continuidade da prática influenciam a intensidade das respostas.

A prática meditativa também está associada à ativação do córtex pré-frontal esquerdo, relacionado a afetos positivos e à maior resiliência (DAVIDSON et al., 2003). Além disso, ondas Theta produzidas pela meditação mostraram correlação com o relato da experiência emocional positiva durante a prática de meditadores experientes, em contraste com iniciantes (AFTANAS; GOLOCHEIKINE, 2001).

Estudos interessantes observaram que após apenas oito sessões de meditação, a amígdala reduziu de tamanho e atividade. À medida que a amígdala encolhe, o córtex pré-frontal se torna mais denso. A conectividade funcional entre essas regiões, ou seja, o quão frequentemente são ativadas juntas, também é alterada. A conexão entre a amígdala e o resto do cérebro enfraquece, enquanto as conexões entre as áreas relacionadas à atenção e concentração se fortalecem. O grau destas alterações está associado ao número de horas de meditação praticadas. Ou seja, a meditação aumenta a habilidade em recrutar regiões pré-frontais de ordens mais altas, ao invés de regular para baixo a atividade cerebral de ordem inferior. Em outras palavras, nossas respostas mais instintivas ao estresse parecem ser substituídas por respostas mais conscientes e reflexivas (TAREN *et al.*, 2015).

A meditação parece também alterar a percepção da dor. Estudos de imagem observaram que o cérebro de meditadores experientes demonstra um aumento de atividade cerebral em áreas associadas à dor, embora eles relatem sentir menos dor que os não praticantes. Além disso, observou-se também redução de atividade em áreas relacionadas à avaliação de estímulos, emoção e memória. Esses resultados não se encaixam em nenhum modelo clássico de alívio de dor, incluindo drogas, onde se vê menos atividade nestas áreas. Duas áreas que normalmente estão totalmente conectadas, o córtex cingulado anterior (CCA) e partes do córtex pré-frontal (CPF), parecem estar desconectados em meditadores experientes. É como se eles fossem capazes de remover ou amenizar o estímulo aversivo associado à dor, através da alteração na conectividade entre estas áreas, que normalmente estão totalmente conectadas. Uma observação interessante é que os voluntários da pesquisa não estavam meditando quando foram submetidos ao estudo, ou seja, suas experiências de dor parecem ser uma alteração permanente em suas percepções (LUTZ *et al.*, 2009).

Todas essas alterações anatômicas e funcionais têm início com mudanças no nível microscópico, como as alterações bioquímicas na regulação de diversos neurotransmissores. A meditação aumenta a atividade da serotonina, que além de influenciar humor, libido, apetite e sono, é capaz de estimular a produção de outro neurotransmissor, a acetilcolina, associada à memória e à contração muscular.

FECHE OS OLHOS E SE CONCENTRE

Estudos com tomografia por emissão de pósitrons (PET) mostram que a meditação aumenta significativamente a produção de dopamina (IVANOVSKI; MAHLI, 2007) e GABA. Sobre este último, um estudo com ressonância magnética espectroscópica mostrou que, no grupo que praticou meditação, os níveis de GABA no cérebro aumentaram em quase 30% em comparação aos não praticantes (grupo controle), podendo representar um método não farmacológico eficaz no tratamento complementar da ansiedade e de outros transtornos psiquiátricos. A meditação também está associada ao aumento de melatonina plasmática, resultando em maior sensação de calma e menor percepção de dor. A melatonina, hormônio/neurotransmissor sintetizado pela glândula pineal no cérebro, é responsável pela regulação do sono e tem função antioxidante.

O aumento da atividade parassimpática (uma das responsáveis pela resposta de relaxamento) em consequência das práticas resulta em diminuição da estimulação de barorreceptores (receptores que monitoram a pressão hidrostática no sistema circulatório), levando à liberação do hormônio vasopressina, um antidiurético secretado em caso de desidratação. O aumento na produção desse hormônio durante a meditação é responsável por diminuir a autopercepção de fadiga, aumentar os níveis de alerta e ajudar na consolidação de novas memórias. Além disso, a meditação induz uma elevação significativa dos níveis de endorfina, responsável pela diminuição da sensação dolorosa, facilitação de sensações de relaxamento e bem-estar, e estimulação do sistema imunológico (IVANOVSKI; MAHLI, 2007).

O aumento da atividade parassimpática, a diminuição da noradrenalina, o aumento da atividade GABAérgica e serotonérgica, a diminuição dos níveis de cortisol e o aumento dos níveis de endorfina, serotonina e dopamina: todas essas alterações neuroquímicas produzem um poderoso efeito ansiolítico e de bem-estar e talvez por isso a meditação esteja se tornando uma das estratégias não medicamentosas mais utilizadas na regulação das emoções. As mudanças de estado experimentadas durante a meditação podem se transformar em traços, levando, no longo prazo, à prevenção de episódios de ansiedade, depressão, estresse e doenças psicossomáticas (VORKAPIC; RANGÉ, 2013).

BEM-ESTAR COM NEUROCIÊNCIA

Pesquisadores notaram também que a meditação é capaz de fortalecer o sistema imunológico de indivíduos saudáveis e doentes. A cascata neuro-hormonal, que acarreta no fortalecimento do sistema imunológico, pode ser iniciada com a redução da ruminação e dos pensamentos negativos. Quando pensamos em algo ruim, o pensamento gerado no córtex pré-frontal rapidamente se projeta para o sistema límbico, envolvido no processamento das emoções. O hipotálamo é então ativado e, através do eixo HPA, o cortisol é sintetizado nas glândulas adrenais, nos rins. Se essa condição for recorrente, o sistema imune acaba se enfraquecendo, como já vimos. Em um estudo com pacientes HIV positivos, observou-se que a meditação impediu o declínio de linfócitos CD4+, diminuindo a progressão da doença. Essa melhora estava associada à redução do estresse e de pensamentos negativos. No entanto, os efeitos protetores da meditação podem ser observados não só em pacientes HIV positivos, mas em todos que sofrem de estresse diariamente (CRESWELL et al., 2009).

Após 30 anos de pesquisa, o Departamento de Medicina Complementar do National Institute of Health, nos Estados Unidos, publicou um documento que conclui que a prática da meditação resulta em: alteração da atividade de ondas cerebrais, redução significativa do consumo de oxigênio, aumento da atividade do sistema parassimpático, redução da produção de cortisol, aumento da síntese de neurotransmissores como serotonina, dopamina e GABA, maior produção de endorfinas e melatonina, aumento da densidade cortical de regiões específicas e da produção de linfócitos e leucócitos. Na verdade, podemos interpretar todas essas mudanças psicofisiológicas, neuroquímicas e anatômicas como modificações expressivas do funcionamento de diversos sistemas no organismo. Todas essas mudanças geram melhoras da atenção e concentração e consequentemente da função cognitiva, aumento da sensação de calma, relaxamento e alegria espontânea, maior sociabilidade, melhores estados de humor, melhor sono e função imunológica. As implicações para o campo terapêutico da Psicologia e da Psiquiatria são ainda maiores, já que a meditação representa uma prática complementar de baixo custo, com pouca ou nenhuma necessidade de atualização e com técnicas que podem ser incorporadas ao estilo de vida dos indivíduos. Ademais, as mudanças de estado geradas pela prática podem se transformar em traços ou características consolidadas, prevenindo futuros episódios de ansiedade, depressão, estresse e doenças psicossomáticas, até mesmo em pessoas saudáveis, resultando num modelo eficaz de medicina preventiva (ao final do capítulo estão descritas duas técnicas meditativas eficazes: *shamata*, uma prática base de *mindfulness* e a meditação de 1-10).

## Yoga na mente

Se você acha que yoga é algum tipo de ginástica exótica do oriente ou alongamento zen, você está enganado. Yoga é um rico conjunto de práticas relacionadas a um sistema filosófico, cujo principal objetivo é a realização ou a iluminação. Existem diversos tipos de yoga, mas é o *Hatha Yoga* o mais conhecido por seu impacto nos vários sistemas do corpo, especialmente o cérebro.

O *Hatha Yoga Pradipika* (HYP), um antigo texto do *Hatha Yoga*, escrito no século XV da era atual, declara que, antes que o indivíduo inicie a prática de austeridades e códigos morais, é preciso preparar o corpo. O texto afirma que autocontrole e disciplina sem preparação adequada podem criar mais problemas mentais do que apaziguá-los; e lança luz sobre o grande problema que todo iniciante enfrenta: dominar a mente. "Por que começar com a mente? Temos pouco poder sobre a mente. Primeiro, é preciso disciplinar o corpo", diz o manuscrito. Claro que para os antigos praticantes (*yogis* e *yoginis*) dominar a mente era um dos primeiros passos para a pavimentação do caminho que levaria à autorrealização, enquanto para a maioria de nós o principal objetivo é experimentar bem-estar. Devido a uma abordagem mais "corporal", o *Hatha Yoga* ficou conhecido — de modo equivocado — como uma categoria de yoga que se ocupa apenas de valências físicas (força, flexibilidade, resistência, equilíbrio e outras). Mas o HYP reitera, em diversas ocasiões, que todas as práticas físicas têm apenas uma finalidade: a preparação do corpo, visando, em etapa posterior, o controle das flutuações da mente por meio da meditação. Desse modo, a meditação é o pináculo da yoga, e não o contrário.

BEM-ESTAR COM NEUROCIÊNCIA

Segundo o texto, é preciso começar por onde é mais fácil: pelo corpo; um princípio que continua sendo útil centenas de anos depois.

Antigos *yogis* já sabiam da relação entre as técnicas corporais da yoga e os estados mentais. O HYP diz que, inicialmente, o praticante não deve se preocupar com as flutuações da mente ou os estados emocionais indesejados, mas realizar as posturas e técnicas respiratórias, e a mente estará automaticamente controlada. O texto milenar se refere a uma prática conhecida como *pranayama*, ou exercícios respiratórios, cujos benefícios já vimos no capítulo anterior. A sabedoria dessa antiga afirmação torna-se evidente quando pensamos que a ligação entre respiração e emoção é uma via de mão dupla, e a yoga usa esse conhecimento para fazer o caminho contrário, ou seja, alterar o estado mental através da respiração.

Como sabemos, os exercícios respiratórios promovem profundas alterações no sistema nervoso autônomo (SNA), de modo que o praticante se torna capaz de, consciente e deliberadamente, reduzir a taxa respiratória, a frequência cardíaca e todo o metabolismo corporal. Além disso, muitos tipos de *pranayamas* enfatizam o aumento gradativo da expiração, o que também promove um treinamento do SNA. Durante a inspiração, mecanismos fisiológicos, como o aumento do retorno do sangue ao coração, de gás carbônico e do volume do tórax, fazem com que receptores de estiramento pulmonar elevem significativamente a frequência cardíaca, que só começa a ser reduzida quando expiramos. O que se tem observado, embora o processo não esteja totalmente elucidado, é que, com as práticas, esses receptores respondem cada vez menos à elevação da taxa de gás carbônico, alterando o padrão respiratório (VORKAPIC; RANGÉ, 2013). Talvez por isso os praticantes de yoga sejam menos propensos a transtornos de ansiedade e de humor e respondam melhor a alterações emocionais negativas.

A influência da respiração sobre a emoção não passou despercebida pela Psicologia moderna. A terapia cognitivo-comportamental, por exemplo, utiliza essas técnicas para tratar ataques de pânico e ansiedade. Os terapeutas se referem a ela como respiração diafragmática ou profunda. E como já vimos, o efeito dos exercícios respiratórios no estado mental é significativo, mas estudos vêm descobrindo que

FECHE OS OLHOS E SE CONCENTRE

outras técnicas da yoga também podem influenciar diferentes sistemas do corpo, como o musculoesquelético, cardiovascular, endócrino e o imunológico, aumentando a sensação geral de bem-estar.

Os *asanas*, ou posturas corporais, são técnicas que buscam desenvolver a estabilidade necessária para que o indivíduo consiga se manter sentado em postura meditativa. Ao contrário do que se vê na yoga comercial, essa é a única finalidade dos *asanas*. Embora "apenas" posturas, essas técnicas também são capazes de alterar o funcionamento do sistema nervoso central, um preceito básico das abordagens mente-corpo. A natureza das posturas corporais pressupõe estabilidade e permanência. O desenvolvimento da força e da flexibilidade necessárias para isto ocorrer acontece por isometria (contração muscular por tensão) e relaxamento da musculatura alongada, respectivamente. Diversos *asanas*, como as séries dinâmicas (por exemplo, *surya namaskar*, sequência também conhecida como "saudação ao sol"), as retroflexões da coluna (*bhujangasana*) e as posturas de contração muscular (*chaturanga*), elevam a frequência cardíaca, promovendo treinamento cardiovascular. Alguns estudos que utilizaram apenas as posturas corporais observaram atenuação de estados ansiosos e depressivos e redução dos níveis de cortisol (SHANNAHOFF-KHALSA, 2004).

Na yoga, a prática de relaxamento é conhecida como *yoga nidra*. Esse termo é traduzido do sânscrito como yoga do sono. Embora esta técnica possa induzir ao sono, o objetivo é um aumento do relaxamento corporal concomitante a um estado de alerta mental. Dependendo do nosso estado de consciência, o cérebro pode apresentar diferenças na atividade elétrica cerebral: ondas Beta correspondem ao estado de vigília; ondas Alfa, mencionadas anteriormente, são produzidas em estado de vigília sem atividade no córtex visual (olhos fechados) e em estados de relaxamento profundo; ondas Theta, registradas no estado limítrofe com o sono; e ondas Delta, associadas ao sono profundo — essa é a onda de maior amplitude e menor frequência registrada nos exames de eletroencefalograma. Estudos com *yoga nidra* observaram um aumento de ondas Alfa e Theta durante a prática, o que levou os pesquisadores à suposição de que os indivíduos estivessem quase inconscientes ou, ao menos, alternando estados, embora relaxados.

BEM-ESTAR COM NEUROCIÊNCIA

A análise de variáveis cognitivas mostrou que os sujeitos permaneciam conscientes e alertas durante toda a prática. Os pesquisadores afirmam que, durante esse estado mental, chamado de hipnagógico, o aprendizado parece acontecer mais rapidamente do que quando o indivíduo está em vigília (LOU *et al.*, 1999).

A meditação é, sem dúvida, a parte mais importante da prática de yoga. Existem diversos tipos de meditação e inúmeras técnicas, mas todas têm em comum o exercício de percepção profunda da própria mente e a autorregulação da atenção, como vimos. Durante a meditação, o esforço do cérebro para se concentrar em apenas um ponto torna-o extremamente ativo, ao contrário da crença comum de que a meditação é um estado passivo. A alteração na atividade elétrica durante estados meditativos mostra que o cérebro está relaxado e orientado internamente ao mesmo tempo que atento e vigilante. Pesquisas relacionadas observaram, apenas em indivíduos que meditavam diariamente, o aumento de ondas cerebrais mais amplas e normalmente não detectadas no eletroencefalograma. Essa atividade elétrica atípica é conhecida como ondas gama. Essas ondas de alta frequência refletem uma atividade neuronal maior do que o normal e indicam melhora nas redes de atenção e concentração. Curiosamente, as ondas gama continuam presentes após a meditação, como se os praticantes permanecessem focados e concentrados mesmo quando não estão meditando (TAKAHASHI *et al.*, 2005). A melhora crônica da atenção e da capacidade de concentração está intimamente ligada ao aumento da atividade dos lobos frontais anteriores e do córtex cingulado anterior (área do cérebro envolvida em processos de atenção, processos afetivos e alterações autonômicas). Como essas estruturas, juntamente com o sistema límbico, são responsáveis por modular respostas emocionais, os praticantes são capazes de reagir melhor a eventos estressantes do dia a dia, já que atenção e emoção estão mais bem integradas.

As evidências científicas sobre os efeitos positivos da yoga parecem confirmar o que os antigos sábios da Índia já sabiam: a yoga é mais do que um sistema filosófico; é uma abordagem de mente e corpo que leva à saúde física e mental. E o potencial terapêutico parece ser mais evidente em transtornos que envolvem disfuncionalidade nas redes de

FECHE OS OLHOS E SE CONCENTRE

atenção e alterações psicomotoras, como o Transtorno de Déficit de Atenção com Hiperatividade (TDAH).

O TDAH leva a profundas alterações no comportamento de crianças e adolescentes. Devido à sensibilidade desta população aos medicamentos, estratégias não farmacológicas eficazes podem amenizar sintomas e aumentar os níveis de bem-estar. Na yoga, a ênfase dada ao processo de se tornar mais atento às sensações corporais, às experiências sensoriais e aos próprios pensamentos, e o aumento da percepção do corpo e dos processos mentais (atenção), podem ser benéficos dos pontos de vista cognitivo e emocional. Comparado às práticas puramente sentadas (meditação sentada), a yoga pode ter efeitos mais substanciais, já que o componente do movimento (típico da yoga) aumenta a intensidade de sinais interoceptivos e proprioceptivos, facilitando o processamento e a integração da informação, melhorando, consequentemente, a atenção (VORKAPIC *et al.*, 2018).

A eficácia da yoga na melhora da atenção decorre do aprimoramento de tipos diferentes de atenção: a atenção alerta, necessária para rastrear sensações corporais; a atenção de orientação, que envolve a leitura ativa do ambiente e dos estímulos, assim como a seleção de alvos específicos para a execução de determinado movimento (na yoga, esse tipo de atenção ajuda o delicado processo de *feedback* neuromuscular e a consequente eficiência do engajamento muscular, necessário para a execução do movimento); e a atenção executiva, que diz respeito à habilidade de prestar atenção de modo seletivo a estímulos relevantes e inibir irrelevantes (na yoga, a atenção executiva é usada para manter a atenção nos estados mentais e físicos e, simultaneamente, esquecer das distrações irrelevantes). Além disso, a yoga também desenvolve a percepção de metacognição, definida como um monitoramento intencional dos processos mentais e comportamentos. Um possível benefício desse monitoramento não crítico dos pensamentos é a redução do autorreferencial negativo e da ruminação, além da sensação de equanimidade que, no caso específico da yoga, pode ser resultado das sensações corporais e do *feedback* proprioceptivo relacionado ao movimento e à respiração. Do mesmo modo que na meditação, as alterações nas funções cognitivas estão relacionadas a mudanças estruturais no cérebro, especialmente em

BEM-ESTAR COM NEUROCIÊNCIA

áreas envolvidas no processamento de sensações corporais, como os córtices sensório-motor primário e secundário, o giro cingulado anterior e, especialmente, a ínsula, uma estrutura-chave para a percepção extra e interoceptiva. Pesquisadores do National Institute of Health, nos Estados Unidos, liderados por Chantal Villemure, encontraram um aumento de massa cinzenta e massa branca em praticantes de yoga (VILLEMURE *et al.*, 2015).

Estudos recentes mostram que o ensino de yoga em escolas tem efeitos benéficos nas funções cognitivas, na saúde mental e no desempenho acadêmico de crianças e adolescentes que dependem diretamente dos níveis de atenção e concentração (VORKAPIC *et al.*, 2015). De acordo com um relatório das Nações Unidas (Programa de Desenvolvimento das Nações Unidas, 2007), crianças e adolescentes ao redor do mundo passam, em média, de 10 a 15 anos na escola. Assim, as instituições de educação têm grande potencial no ensino de hábitos saudáveis e promoção de bem-estar desde idades mais jovens. Para crianças que lidam com estressores extremos, como traumas, abuso, ansiedade, dificuldades de aprendizagem, evasão escolar e *bullying*, a prática de técnicas contemplativas pode ser a diferença entre sucesso e fracasso, acadêmica e profissionalmente e na vida em geral. Além disso, o início da maioria dos transtornos mentais em adultos ocorre numa idade muito jovem, com 7,5% dos adolescentes preenchendo critérios do DSM-V para uma ou mais condições mentais.

A solução para lidar com ansiedade, estresse e dificuldades de aprendizagem certamente depende de muitos fatores, mas as evidências sugerem que muitos ou todos esses problemas podem ser amenizados pela prática contemplativa. A realização dessas técnicas em escolas é capaz de redirecionar a atenção, melhorar a concentração, aumentar o autocontrole e fornecer mecanismos mais saudáveis e confiáveis de se lidar com o estresse. O Dr. Sat Bir Khalsa, professor associado da Faculdade de Medicina da Universidade de Harvard, nos Estados Unidos, observou que a implementação de um programa de yoga nas escolas foi essencial na recuperação da autoestima, confiança e saúde mental das crianças, assim como na promoção de atitudes positivas e melhoras na concentração, no estresse e na ansiedade.

FECHE OS OLHOS E SE CONCENTRE

Uma revisão sistemática (VORKAPIC *et al.*, 2015) analisou apenas estudos controlados e randomizados sobre o ensino de yoga em escolas. O estudo observou o efeito de programas de yoga nas funções cognitivas e na saúde mental de crianças e adolescentes. A revisão mostrou efeitos benéficos do ensino da yoga em escolas, mas em alguns estudos os resultados foram inconclusivos e demandam a reaplicação dos resultados, pois em muitos deles não há padronização ou adequação ao tipo de prática que deve ser realizada com crianças. Do mesmo modo, a frequência e a duração das práticas também não costumam ser apropriadas a uma faixa etária menor. Além disso, técnicas de yoga, como respiração e meditação, requerem alto controle atencional, uma função executiva que ainda não está madura em crianças e adolescentes. À medida que os lobos frontais do cérebro amadurecem, a capacidade de exercitar o controle da atenção aumenta, mas, ainda assim, as capacidades atencionais de crianças e adolescentes permanecem mais precárias comparadas às de adultos.

Alguns estudos, no entanto, observaram efeitos negativos, que podem ser explicados pelos processos de adaptação e controle de atenção e da inadequação da prática para crianças. O processo de se tornar consciente de tudo, incluindo as próprias emoções e sensações, e o fato de a yoga ser uma prática que demanda esforço e disciplina podem fazer com que o primeiro contato seja desafiador. Quando a prática de yoga é adicionada às atividades extracurriculares, a criança pode experimentar níveis mais altos de estresse em curto prazo. Esse aumento temporário nos níveis de estresse pode fazer parte do processo de se tornar consciente de tudo (*mindful*) à medida que as crianças começam a reconhecer seus padrões típicos de reação ao estresse. Além disso, a realização na yoga depende de autoconfiança adquirida. A princípio, tentar realizar algo que não temos habilidade pode aumentar a sensação de inadequação. À medida que crianças passam de um estágio pré-contemplativo (início da prática) para o contemplativo, elas podem experimentar mais distresse (aflição, ansiedade e estresse), já que nesse momento há mais conscientização da necessidade de mudar, mas o indivíduo ainda não desenvolveu as ferramentas necessárias para realizar a mudança. Pesquisadores sugerem que esse achado seria revertido com uma intervenção de longa duração, mas tais estudos ainda não foram realizados.

Ainda assim, de modo geral, a yoga leva a reduções nos níveis de fadiga, raiva, inércia, ansiedade e estresse. Assim como aumentos na autoestima, autorregulação e capacidade de autocontrole. No que diz respeito às funções cognitivas, a prática em contextos escolares tem efeitos significativos na atenção, na memória e nas habilidades de desenvolvimento, podendo representar uma aliada no tratamento do TDAH.

Alterações negativas do humor estão associadas a declínios na função cognitiva. Então, é possível que o efeito da yoga na regulação das emoções em crianças seja refletido na melhora de funções cognitivas como a atenção. O foco da atenção é um aspecto-chave da prática de yoga e produz efeitos similares aos do relaxamento, já que também promove o autocontrole, a concentração e a conscientização do corpo. Além disso, estudos de imagem mostram que a yoga tem efeitos significativos no putâmen e no córtex cingulado, estruturas cerebrais envolvidas no processamento da atenção e, portanto, importantes na regulação dos sintomas do TDAH.

Apesar das evidências acerca dos efeitos benéficos das técnicas contemplativas, a inserção de um programa de yoga em escolas para crianças e adolescentes está longe de ser uma realidade comum. Infelizmente, o currículo tradicional enfatiza primariamente o desenvolvimento intelectual e as escolas vêm progressivamente perdendo a capacidade de adotar programas que promovam bem-estar. A habilidade em lidar com o estresse e a ansiedade, a manutenção da saúde física e o aumento nos níveis de bem-estar e felicidade, todas consequências da prática de yoga, são de valor inestimável em todas as esferas da vida de um indivíduo, incluindo a educação. Além disso, os estudantes precisam estar saudáveis para serem educados e o desempenho escolar está diretamente relacionado ao *status* de saúde. Consequentemente, há uma necessidade cada vez maior e urgente de se desenvolver e investigar programas de gerenciamento emocional e atencional que possam ser utilizados em contextos escolares. É preciso lembrar que as crianças saudáveis de hoje serão os adultos equilibrados de amanhã.

FECHE OS OLHOS E SE CONCENTRE

## Meditação *shamata*

1) Sente-se em uma postura meditativa, como a postura fácil, e ajuste sua posição para que não se mexa durante toda a prática. Mantenha a coluna ereta. Cabeça, pescoço e ombros devem estar levemente para trás. Apoie as mãos nos joelhos gentilmente. Leve a atenção para a respiração lenta e profunda e conte cinco respirações.

2) Uma vez que essa meditação envolve estar presente no momento, você pode manter os olhos abertos. Apenas descanse o olhar à sua frente. Você verá coisas, seus olhos se moverão e você poderá piscar. Não é preciso focar em um ponto, mas apenas descansar o olhar com os olhos entreabertos.

3) Quando estiver estabelecido em sua postura, comece levar a atenção à respiração. Ela será o ponto de atenção primário para o qual você retornará durante a duração da meditação. Você não deve focar a respiração, mas apenas observá-la atentamente. Observe o ar que entra e o ar que sai.

4) À medida que você observa sua respiração, sua mente começará a divagar. Ideias, pensamentos e sensações aparecerão, formando uma espécie de narrativa interna do que está fazendo. Quando isso acontecer, rotule aquele pensamento como apenas "pensamento" e retorne sua atenção para a respiração. Aquele pensamento não é "bom" ou "ruim" e por isso não é capaz de produzir nenhuma sensação, é apenas um pensamento. Pensamentos aparecem, essa é a natureza de nossa mente. Você não deve tentar pará-los. Da mesma maneira, não os encoraje, não os aumente, não os reprima, não faça nada. Seu trabalho é descansar a atenção na respiração, nada mais. Quando a mente começar a divagar, cheque sua postura. A coluna está reta? Os ombros estão relaxados?

5) Depois, retorne à respiração e observe atentamente o ar que entra e sai de suas narinas, assim como as pausas naturais entre as fases da respiração. Sem concentração, sem foco, apenas estando presente e atento à respiração, em especial à expiração. Este é o *slogan* de *shamata*: retorne à respiração. Sempre que

notar qualquer distração, lembre-se das instruções e retorne à respiração.

6) Em *shamata*, nós nos sentamos e observamos a respiração, nada mais. Não há objetos, não há referências. Há apenas nós mesmos e nossa respiração. Quando os pensamentos aparecem, o que fazemos? Não fazemos nada. Nós nos lembramos de que são apenas pensamentos e os deixamos ir. Há apenas um método nessa prática — um método a ser aplicado. Esse método é observar atentamente a respiração. Uma característica dessa prática de *mindfulness* é a ausência de um objetivo. Você simplesmente se senta e observa a respiração. Nada mais. Nós nos desapegamos de obsessões direcionadas a objetivos e ambições, e isso inclui também a tentativa de perfeição da própria meditação. À medida que observamos a respiração, um espaço é criado. A técnica em si é apenas um truque. O ponto principal é a capacidade de reconhecimento de todos esses pensamentos constantes e distrações que vem com a prática. Ao final, você pode fazer uma longa e profunda respiração ou tocar um sino, ou algo que signifique o final de sua prática formal. *Shamata* pode ser praticada em pequenas sessões de 10 minutos ao longo do dia.

## Meditação de 1 a 10

1) Sente-se em uma postura meditativa, como a postura fácil, e ajuste sua posição. Mantenha a coluna ereta. Cabeça, pescoço e ombros devem estar levemente para trás. Descanse as mãos nos joelhos e feche os olhos. Faça cinco respirações profundas.

2) Ao inspirar naturalmente, leve sua atenção à sua mente. Você simplesmente contará de 1 a 10 (mentalmente). Quando perceber que sua atenção se afastou da contagem, deve reiniciar do 1. A qualquer momento que sua mente se afastar do exercício, mesmo que por alguns segundos, você deve recomeçar.

3) Faça algumas rodadas desse exercício e em seguida descanse.

4) Você pode escolher encerrar a prática ou dar sequência a outra técnica meditativa logo em seguida.

# CAPÍTULO IX

# QUIMERA: O PODER DA MICROBIOTA PARA A SAÚDE MENTAL

O intestino é uma colônia alienígena movimentada e próspera. Nossos micro-organismos incluem milhares de espécies diferentes. Estão aqui há muito mais tempo do que nós, humanos, evoluíram ao nosso lado e agora superam nossas próprias células muitas vezes. Coletivamente, estas legiões microbianas são conhecidas como microbiota. São cerca de 20 milhões de genes microbianos que têm enorme impacto no nosso próprio genoma (com míseros 20 mil genes). Além disso, a microbiota pode produzir e utilizar nutrientes ou outras moléculas de uma forma que o corpo humano não consegue — uma fonte em potencial de novas terapias. Mas a grande descoberta dos últimos anos é a existência do eixo cérebro-intestino e a influência da microbiota (e de todo o intestino) nas funções cerebrais.

Os antigos gregos acreditavam que os transtornos mentais surgiam quando o trato digestivo produzia uma "bile negra". Muito antes de os micróbios serem descobertos, alguns filósofos e médicos argumentavam que o cérebro e o intestino atuavam em conjunto na regulação do comportamento humano. A microbiota intestinal impacta o cérebro e os circuitos neuronais através de diversas rotas. Além de produzir substâncias que chegam ao cérebro e alteram a química cerebral e a expressão gênica, a microbiota exerce outras influências: I) induz células intestinais, chamadas de *neuropods*, a estimularem o nervo vago; II) ativam células enteroendócrinas a produzir hormônios e; III) influenciam o sistema imunológico através de processos inflamatórios.

Embora as interações intestino-cérebro venham sendo estudadas há décadas, fornecendo uma riqueza de informações sobre as estreitas interações entre o sistema imunológico, o cérebro e o intestino, essas descobertas foram amplamente ignoradas pela comunidade científica por muito tempo. A descoberta do microbioma intestinal adicionou um componente há muito esquecido à complexa sinalização bidirecional entre mente, cérebro e intestino e, surpreendentemente, despertou um enorme interesse por parte de pesquisadores e do público leigo. O ceticismo inicial sobre pesquisas que sugerem um papel profundo da microbiota intestinal na regulação da química cerebral e do comportamento deu lugar a uma mudança de paradigma sem precedentes na conceitualização de muitas doenças psiquiátricas e neurológicas. Os novos estudos sugerem que, de alguma maneira, os humanos parecem ser apenas o veículo para os 100 trilhões de microrganismos que vivem dentro de nós. A partir de conceitos recentes, foram desenvolvidas muitas hipóteses que exploram essa relação, incluindo a intrigante suposição de que a microbiota intestinal desenvolveu maneiras de "*hackear*" nosso sistema de recompensa para nos fazer desejar certos alimentos e evitar outros.

## Estresse e depressão

Muito além da relação com nossos desejos, as pesquisas mais importantes na área têm evidenciado uma ligação ainda mais estreita entre microbiota e transtornos psiquiátricos e doenças degenerativas. Por exemplo, muitas pessoas com síndrome do intestino irritável também apresentam sintomas de depressão, indivíduos com autismo tendem a ter disbiose intestinal e aqueles com Parkinson são propensos a prisão de ventre. Além disso, observa-se um aumento de sintomas depressivos em pessoas que tomam antibióticos — mas não medicamentos antivirais ou antifúngicos, que deixam as bactérias intestinais ilesas. Nos estudos em animais, observou-se que a maioria dos ratos e camundongos que receberam transplantes fecais de pessoas com Parkinson, esquizofrenia, autismo ou depressão desenvolveram problemas equivalentes. Por outro lado, quando esses animais eram administrados com transplantes fecais de animais saudáveis, foi observado alívio de sintomas (SEGAL *et al.*, 2021).

De modo geral, muitas condições de saúde mental têm sido associadas a alterações na microbiota. A disbiose intestinal é caracterizada por uma quantidade e variedade reduzidas de determinadas bactérias, particularmente aquelas que produzem metabólitos do tipo ácidos graxos de cadeia curta (como o butirato, que, se acredita, melhora a função cerebral). Parece haver de fato uma correlação entre a quantidade de bactérias produtoras de butirato e os níveis de bem-estar. Bactérias do tipo *Faecalibacterium* e *Coprococcus* — produtoras de butirato — foram consistentemente associadas a indicadores mais elevados de qualidade de vida (VALLES-COLOMER *et al.*, 2022). Apesar das correlações, a relação causal ainda é desconhecida. Não se sabe se os níveis alterados de bactérias intestinais causam alterações no humor ou se os valores mudam porque pessoas deprimidas costumam modificar hábitos alimentares ou comer menos.

Estudos recentes mostram que o aminoácido triptofano, produzido por algumas bactérias da microbiota intestinal, pode representar uma ligação causal com a depressão. A principal via de transformação do aminoácido triptofano em serotonina, em mamíferos, é através da chamada via da quinurenina, um processo que pode ser realizado tanto pelas nossas células quanto pela microbiota. Quando há inflamação ou quando a microbiota está disfuncional, o triptofano é mais convertido em quinurenina do que em serotonina. Estudos mostram que pessoas com depressão convertem o triptofano em quinurenina mais facilmente do que em serotonina, resultando em uma baixa significativa desses neurotransmissores (CORREIA; VALE, 2022).

Uma pesquisa interessante identificou cepas de bactérias que produziam GABA — uma delas a chamada *Bactereroides*. Previamente, o mesmo grupo de pesquisa, em um estudo de neuroimagem com pacientes depressivos, já havia observado que tais indivíduos tinham um padrão mais forte de hiperatividade no córtex pré-frontal (disfuncionalidade associada à depressão grave) que se correlacionava a um menor percentual de *Bactereroides* na microbiota intestinal.

Em modelos animais, uma maior quantidade dessas bactérias está associada à maior transmissão de GABA e à redução do chamado "desamparo aprendido" — um sintoma de depressão em modelos animais (STRANDWITZ *et al.*, 2019).

Há também grande potencial terapêutico na regulação do estresse e da ansiedade através da modulação da microbiota intestinal. O acúmulo de evidências sugere que diferentes tipos de estresse (psicológico) podem afetar a composição da microbiota: separação materna, aglomeração, estresse térmico e acústico e contenção (MOLONEY *et al.*, 2014). Além disso, tanto uma microbiota disfuncional quanto a ausência desta podem estar envolvidas no controle de comportamentos relevantes ao estresse. Há quase vinte anos, pesquisadores já haviam descoberto que camundongos livres de bactérias (estéreis) têm uma resposta exagerada do eixo HPA, ou seja, ao estresse, um efeito que foi revertido por monocolonização com uma espécie particular de *Bifidobacterium*. Hoje sabemos que animais estéreis não só apresentam respostas neuroendócrinas exageradas ao estresse, como também aumento nos comportamentos semelhantes à ansiedade. Tais comportamentos disfuncionais também eram revertidos quando os animais eram colonizados, tanto no início da vida quanto na idade adulta (NISHINO *et al.*, 2013). Estudos genéticos mostram ainda que animais estéreis têm menor expressão de BDNF no cérebro (curiosamente, reduções de BDNF também foram relatadas após a administração de antibióticos) (BERCIK *et al.*, 2011), impactando a saúde dos circuitos neuronais.

Dadas as correlações entre microbiota, estresse, ansiedade e depressão, poderíamos dizer que há uma assinatura de microbiota nesses transtornos, uma espécie de impressão digital bacteriana típica? Os estudos mostram que há gêneros e cepas, normalmente associadas à maior resposta inflamatória, que estão em maior quantidade nesses indivíduos. Especificamente, os níveis do gênero *Eggerthellae* (espécie Eggerthella lenta) estão mais altos em pacientes com depressão. São bactérias que induzem inflamação intestinal ativando células do sistema imunológico (Th17 e Treg), o que sugere que talvez um desequilíbrio imunológico/inflamatório esteja por trás da relação entre disbiose intestinal e depressão. Curiosamente, a Eggerthella

**Figura 21:** Interação entre a microbiota intestinal e seus produtos metabólicos com o sistema imunológico e a produção de citocinas inflamatórias que impactam o cérebro. 1. As bactérias interagem com as células do sistema imunológico, levando as células a produzirem citocinas que chegam ao cérebro; 2. As bactérias interagem com células intestinais chamadas enteroendócrinas que produzem moléculas neuroativas e peptídeos. Essas moléculas interagem com o nervo vago, que envia sinais ao cérebro; 3. As bactérias produzem neurotransmissores e metabólitos, que atravessam a barreira hematoencefálica; 4. Alteração da atividade cerebral e possível neuroinflamação.

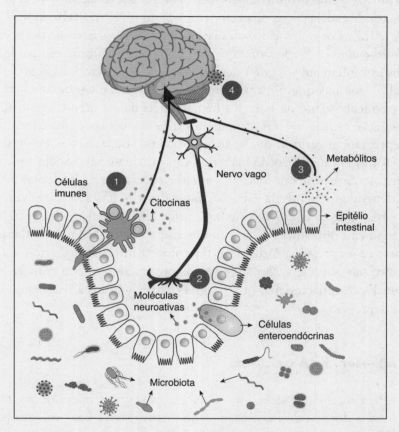

*Fonte:* Adaptado de: MONTIEL-CASTRO, Augusto J.; GONZÁLEZ-CERVANTES, Rina M.; BRAVO-RUISECO, Gabriela; PACHECO-LÓPEZ, Gustavo. The microbiota–gut–brain axis: neurobehavioral correlates, health and sociality. *Front. Integr. Neurosci.*, v. 7, out. 2013. Disponível em: https://www.frontiersin.org/articles/10.3389/fnint.2013.00070/full. Acesso em: 3 out. 2023.

também foi encontrada em pacientes com outros transtornos psiquiátricos, como bipolaridade, esquizofrenia e psicose, indicando um efeito específico maior do que o diagnóstico (RADJABZADEH *et al.*, 2022). Alguns estudos mostram uma equivalência "transespécie", com resultados similares em humanos e roedores. Os gêneros benéficos *Bifidobacterium*, *Faecalibacterium* e *Gemmiger* apresentam níveis significativamente menores em pacientes e modelos animais de depressão e suas propriedades são provavelmente mediadas por ácidos graxos de cadeia curta, especialmente o butirato (RADJABZADEH *et al.*, 2022). Por outro lado, observam-se níveis mais altos dos gêneros *Desulfovibrio* e *Escherichia/Shigella*. *Escherichia/Shigella* são patógenos pró-inflamatórios gram-negativos que liberam lipopolissacarídeos (LPS), toxinas que podem induzir lesão intestinal aguda, aumentar a permeabilidade da barreira hematoencefálica e ativar a neuroinflamação. Essas bactérias também estão associadas à gravidade da depressão, sugerindo que o enriquecimento de bactérias pró-inflamatórias e a depleção de bactérias anti-inflamatórias podem formar um biomarcador microbiano característico do estado depressivo, independentemente da espécie. Estas descobertas são semelhantes a várias outras condições humanas que estão ligadas à inflamação sistêmica e intestinal, e confirmam ainda mais a hipótese inflamatória da depressão. A disbiose microbiana intestinal relacionada à depressão causa ativação de respostas pró-inflamatórias e indução de translocação bacteriana, que pode ter participação na fisiopatologia da depressão.

## Parkinson, ELA e autismo

Para entender a ideia por trás da relação entre a microbiota intestinal e a doença de Parkinson, é necessário saber um pouco sobre a doença, cujos sintomas característicos incluem: tremor, rigidez e lentidão de movimento. A doença aparece quando os neurônios responsáveis pela organização do movimento começam a morrer (mais especificamente, neurônios dopaminérgicos de uma área chamada substância negra, no tronco encefálico). A razão pela qual esses neurônios morrem não é totalmente compreendida, mas uma proteína conhecida como α-sinucleína parece ter papel fundamental. Em indivíduos com Parkinson, a proteína é mal dobrada, fazendo com que mais proteínas se enovelem incorretamente, gerando aglomerados prejudiciais conhecidos como corpos de Lewy, que se acumulam no cérebro. Em um estudo clássico, Robert Friedland (2015) observou que o dobramento incorreto na proteína começava no intestino e o erro se propagava para o cérebro, através do nervo vago, acarretando morte neuronal. Um interessante estudo em animais observou que a injeção de α-sinucleína mal dobrada no intestino, induzia a produção da proteína disfuncional também no cérebro. Mas se os pesquisadores removessem primeiro o nervo vago, nenhuma α-sinucleína disfuncional Um interessante estudo em animais observou que a injeção de α-sinucleína mal dobrada no intestino, induzia a produção da proteína disfuncional também no cérebro. no cérebro. A própria α-sinucleína injetada parece permanecer no intestino, mas os pesquisadores sugerem que pode haver um efeito dominó, onde proteínas mal dobradas transmitem o erro pelo nervo vago até que as proteínas no cérebro eventualmente se dobrem incorretamente (LI *et al.*, 2023). Como as proteínas mal dobradas são uma marca registrada de várias outras condições que afetam o cérebro, incluindo a doença de Alzheimer e a doença dos neurônios motores (esclerose lateral amiotrófica, ou ELA), pesquisadores sugerem que as proteínas bacterianas também podem estar implicadas nessas doenças, embora existam outros fatores a serem considerados.

No que diz respeito especificamente à ELA, alguns estudos mostraram algo interessante quanto à forma como a doença pode se desenvolver, já que em algumas pessoas há progressão lenta e em outras a deterioração é rápida: a eliminação da microbiota de animais com ELA levou à rápida progressão da doença. Além disso, ao compararem as bactérias intestinais dos animais com ELA com as de seus irmãos saudáveis, os pesquisadores observaram diversas espécies microbianas que pareciam estar ligadas especificamente à doença. E ainda, ao transplantaram essas cepas para outro grupo de animais (estéreis), eles descobriram que, na verdade, não eram as bactérias, mas seus metabólitos que faziam a diferença (metabólitos são pequenas moléculas produzidas pelas bactérias que podem entrar na corrente sanguínea e viajar pelo corpo, impactando beneficamente ou trazendo prejuízos). Nesse caso, algumas bactérias benéficas, presentes nos animais que em cuja doença progredia lentamente, produziam nicotinamida — também conhecida como vitamina B. A molécula entra no cérebro e melhora significativamente os sintomas. Em humanos, a microbiota de pessoas com ELA tem menos nicotinamida do que a de seus familiares não afetados (ZHANG *et al.*, 2021). De fato, estudos já evidenciam que a suplementação com B3 para tratamento da ELA mostraram alguma melhora no grupo que fez a ingestão da vitamina, enquanto quase todas as pessoas do grupo placebo tiveram pioras.

Existem muitas bactérias e metabólitos, e todas as células do corpo estão vulneráveis aos seus efeitos. O efeito pode até passar de uma geração para outra. Tomemos como exemplo o transtorno do espectro do autismo (TEA). As causas ainda são pouco compreendidas, mas infecções na mãe durante a gravidez parecem aumentar o risco para TEA no filho. Um estudo epidemiológico com 1,8 milhões de pessoas, cujas mães haviam sido hospitalizadas devido a qualquer infecção durante a gravidez, tinham um risco 79% maior de serem diagnosticadas com TEA. Estudos em animais também corroboram essa hipótese. Em uma pesquisa em ratos, pesquisadores injetaram em fêmeas grávidas RNA de fita dupla, percebido pelo corpo como invasor viral. Seus filhotes, ao nascerem, exibiam mais comportamentos repetitivos, ansiedade e interagiam menos com outros ratos do que os nascidos de mães saudáveis. Estudos provocativos recentes apontam para a capacidade de uma cepa de *Bacteroides fragilis,* administrada no início da vida (pós-desmame), de reverter alterações da microbiota e comportamentais típicas do TEA, induzidas por infecção pré-natal (TANIYA *et al.*, 2022).

Outros estudos se concentraram na relação da infecção com células de defesa e mensageiros inflamatórios chamados de citocinas. Quando os pesquisadores (KIM *et al.*, 2017) mimetizaram uma infecção em animais, as células T-helper 17 (células de defesa) tornaram-se hiperativas, produzindo um tipo específico de citocina, IL-17 (interleucina 17), que atravessou a barreira hematoencefálica

QUIMERA: O PODER DA MICROBIOTA PARA A SAÚDE MENTAL

(que protege o cérebro) e se ligou a receptores cerebrais, alterando aspectos do comportamento. É importante lembrar que nem toda mulher infectada durante a gravidez terá, necessariamente, filhos com distúrbios de neurodesenvolvimento ou autismo. Certamente deve haver alguma relação entre o sistema imunológico da mãe e a possibilidade de desenvolvimento destes distúrbios. Posteriormente, o mesmo grupo de pesquisa descobriu que bactérias filamentosas segmentadas induzem a hiperativação das células T-helper 17 e que quando os animais eram tratados com antibióticos específicos, os filhotes não desenvolviam nenhuma alteração comportamental. Contrariamente, descobriu-se que existem bactérias que revertem os sintomas comportamentais associados ao TEA. Uma delas é a *Lactobacillus reuteri* (SGRITTA *et al.*, 2019), cujos efeitos parecem ser enviados via nervo vago, como acontece no Parkinson. Os investigadores poderiam bloquear o efeito em ratos se cortassem o nervo vago. Os estudos são preliminares, embora promissores. E a descoberta de genes que produzem metabólitos-chave pode representar uma grande mudança na formulação de tratamentos em potencial.

No geral, há evidências clínicas que correlacionam alterações na microbiota intestinal à fisiopatologia do TEA. No entanto, resta determinar se essas mudanças são secundárias à regulação neural alterada ou se representam alterações periféricas primárias, que afetam o desenvolvimento e a função cerebral. Como o TEA é um grupo heterogêneo de distúrbios, é improvável que apenas um mecanismo se aplique a todos os fenótipos da doença.

## Tratando com bactérias: os psicobióticos

Psicobióticos são micro-organismos que exercem efeitos benéficos no cérebro e no comportamento. Esses probióticos têm sido amplamente utilizados e representam uma indústria superior a 20 milhões de dólares em todo o mundo. No entanto, apesar de muitas alegações, a influência dos probióticos na estrutura e função da microbiota e do cérebro foi estudada apenas em cepas específicas, e nossa compreensão de seus efeitos está longe de ser completa.

BEM-ESTAR COM NEUROCIÊNCIA

Além disso, seres humanos são incrivelmente complexos e, quando se trata de saúde mental, existem inúmeros fatores em jogo, desde genética e personalidade até ambiente. Não só são necessários mais estudos humanos, como há de se levar em consideração o fato de que nem todos respondem a uma bactéria da mesma maneira, porque, de qualquer forma, todos temos uma microbiota basal ligeiramente diferente. O que talvez os probióticos nos proporcionem é a chance de alterar positivamente nossa microbiota, influenciando também nosso cérebro e comportamento. Pesquisadores investigaram por quatro semanas o efeito de um probiótico que continha 14 espécies de bactérias (incluindo *Bacillus subtilis, Bifidobacterium bifidum, Bifidobacterium breve* e *Bifidobacterium infantis*) em pacientes com depressão e observaram melhora significativa no humor desses indivíduos, quando comparados ao grupo placebo (RADJABZADEH *et al.*, 2022). Outros estudos exploraram o papel que estes microrganismos podem desempenhar na psicose — e se os prebióticos (nutrientes que promovem o crescimento das bactérias) podem ajudar na redução de sintomas associados, como alucinações, delírios, distanciamento da realidade e disfunções cognitivas diversas. Burnet e Kao (2018), em um estudo de 12 semanas, observaram que o prebiótico melhorou a função cognitiva geral, particularmente atenção e resolução de problemas, de pacientes esquizofrênicos, levando também a melhoras no bem-estar.

As cepas de *Lactobacillus* e *Bifidobacterium* foram os suplementos probióticos mais utilizados para aliviar o fenótipo depressivo. Curiosamente, um aumento nos níveis de *Lactobacillus* está associado ao uso de antidepressivos, o que sugere que estes medicamentos possam causar alterações fisiológicas na microbiota antes de exercerem efeito antidepressivo. Além das cepas supracitadas, outras espécies com *Lactococcus, Streptococcus, Bacillus* e *Faecalibacterium* também podem atenuar sintomas depressivos. Contrariamente, outros probióticos como o *L. intestinalis, L. reuteri* e *Lactobacillus helveticus* podem causar fenótipos depressivos e comportamentos semelhantes à anedonia (BURNET; KAO, 2018).

Na síndrome da fadiga crônica, um probiótico contendo *Lactobacillus* diminuiu a ansiedade, mas não os sintomas de depressão, no grupo de tratamento ativo, e aumentou a abundância relativa de *Bifidobacterium* e *Lactobacillus* nas fezes (ERDMAN *et al.*, 2009). Uma redução de cortisol livre também foi observada ao longo do tratamento no grupo probiótico (*Lactobacillus*), mas não no grupo placebo, embora a diferença entre os grupos não tenha sido significativa. Neste estudo, os autores realizaram um braço experimental de tratamento do mesmo probiótico em roedores e, consistente com os resultados em humanos, observaram redução nos sintomas de ansiedade.

A descoberta e o progresso na caracterização do microbioma intestinal iniciaram uma mudança de paradigma não só na medicina, mas principalmente nas ciências do cérebro. No geral, o acúmulo de evidências sugere ligações entre a composição da microbiota e seus metabólitos, a bioquímica cerebral e o comportamento. O equilíbrio perturbado da microbiota e as alterações funcionais, caracterizadas por um enriquecimento de bactérias pró-inflamatórias e uma depleção de bactérias anti-inflamatórias, por exemplo, são características microbianas dos transtornos de humor entre as espécies. E muitas outras doenças, como Parkinson, ELA e autismo, também possuem correlações com a composição da microbiota. A descoberta dos psicobióticos tem o potencial de impactar a saúde humana e pode resultar em novas terapias eficazes que melhoram especificamente a saúde mental e o bem-estar.

# CAPÍTULO X

# NÃO ESTÁ NA CARA! AS INCRÍVEIS DESCOBERTAS SOBRE AS EMOÇÕES HUMANAS

Você sai de casa. Precisa ir à padaria.

Antes mesmo de entrar, seu cérebro prevê encontrar o aroma delicioso de pães frescos. O cérebro faz o estômago se agitar e se preparar para comer o pão. Se estiver correto, se tiver pães fresquinhos saídos do forno, então o cérebro terá construído fome e você estará preparado para comê-los e digeri-los bem.

Agora você está em um quarto de hospital esperando o resultado de um exame, com o mesmo estômago agitado. Nesse caso, o cérebro estaria construindo medo, preocupação ou ansiedade, e poderia causar tensão nas mãos, respiração profunda ou até choro. Mesma sensação física, mesmo estômago agitado, experiências diferentes. As emoções que parecem simplesmente acontecer dentro de nós são, na verdade, construídas.

Lisa Feldman Barrett, professora de psicologia na Northeastern University em Boston, vem desafiando (e provando) a visão clássica sobre emoções, que sustenta que elas são programadas em nossos cérebros e geradas automaticamente por regiões distintas, tornando-as universalmente reconhecíveis por todos os seres humanos. Feldman, na teoria da emoção construída, explora a evidência (e são muitas, indiscutíveis!) de que as emoções são criadas espontaneamente, por várias regiões do cérebro, e moldadas por fatores como experiências e contexto. Em outras palavras, as emoções não são o que pensamos que são. Não são demonstradas e reconhecidas universalmente (desculpe, Paul Ekman), não são reações cerebrais inatas e incontroláveis (GENDRON *et al.*, 2014). Durante muito tempo, interpretamos a natureza das emoções de forma equivocada e os resultados das pesquisas atuais são absolutamente consistentes. Podemos achar que as emoções são inatas e simplesmente se manifestam, mas não é o que acontece. Podemos achar que o cérebro é organizado com circuitos emocionais específicos e que nascemos com esses circuitos, mas também não é isso que os dados mostram. Ou seja, a visão clássica das emoções sustenta que o cérebro vem pré-programado com circuitos dedicados a uma emoção específica e que eles são acionados por algo que acontece no mundo, explodindo como uma pequena bomba. Uma vez acionados, esses circuitos produzem uma impressão digital emocional — com uma expressão facial específica e universalmente reconhecida. Mas em todas as épocas de estudo científico, há evidências que não correspondem a essa visão.

Pense na estrutura do cérebro. Ele está preso em uma caixa escura e silenciosa chamada crânio e não tem acesso às causas das sensações que recebe. Ele só tem os efeitos e precisa descobrir o que os causou. Como ele faz isso? Bem, ele usa a experiência passada. O cérebro está constantemente prevendo quais entradas sensoriais esperar e que ação tomar, com base na experiência passada. Em seguida, ele usa a entrada recebida para confirmar sua previsão ou alterá-la. Funciona assim para visão, audição, paladar — para todos os sentidos. E a forma como as emoções são feitas não é especial: o cérebro cria uma emoção usando experiências anteriores de emoção para prever e explicar as entradas sensoriais recebidas e guiar a ação. Assim, emoções são previsões, suposições (BARRET, 2017). Suposições que o cérebro constrói. Consequentemente, as emoções que aparentemente detectamos em outra pessoa, na verdade, vêm em parte do que há dentro da nossa própria mente (o ditado "cada cabeça é um mundo" é praticamente uma profecia neurocientífica). Digamos que no passado você tenha experimentado uma variedade de raivas, cada uma com seu próprio padrão neural, padrão de mudanças corporais e movimentos. Na situação atual, então, seu cérebro tem a capacidade de produzir qualquer uma dessas raivas, e cada uma se ajustará à situação existente até certo ponto. Seu cérebro contém mecanismos de seleção para ajudar a determinar qual raiva se encaixa melhor na situação. Simplesmente esperar um estímulo e produzir uma resposta seria metabolicamente custoso e lento, poderia custar a vida. Então, o cérebro faz a melhor previsão possível, afinal, ele precisa estar preparado, sempre um passo à frente.

Assim, não é possível olhar o rosto de alguém e "ler" as emoções em suas expressões faciais como lemos palavras no papel. Google, Facebook e tantas outras empresas de tecnologia estão gastando milhões de dólares em pesquisa para construir sistemas que detectam emoções. Mas estão fazendo a pergunta errada. Estão tentando detectar emoções no rosto e no corpo, mas as emoções não estão lá. Movimentos físicos não têm significado emocional intrínseco. Temos que dar significados para eles. É preciso conectá-los a um contexto, para dar-lhes significado. É assim que sabemos que um sorriso pode significar tristeza, um choro pode significar felicidade e um rosto estoico, sem expressão, pode significar alguém tramando com raiva a morte do seu inimigo.

**Figura 22**: As expressões faciais referentes às emoções básicas seriam estereótipos?

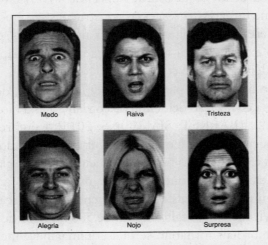

*Fonte:* Adaptado de: Lawrence K, Campbell R, Skuse D. Age, gender, and puberty influence the development of facial emotion recognition. Front Psychol. 2015 Jun. 16;6:761.

## *Hardware* simples, *software* complexo

Nosso cérebro vem com circuitos programados para sentimentos e sensações simples, dicotômicas, resultados da fisiologia do corpo, como calma e agitação, excitação e relaxamento, conforto e desconforto. Mas esses sentimentos simples não são emoções. Estão conosco em todos os momentos da nossa vida. São resumos do que está acontecendo dentro do nosso corpo em termos de metabolismo, fisiologia, imunidade. É um barômetro, uma sinfonia silenciosa de informações que o cérebro recebe ininterruptamente e que chamamos de interocepção. São informações interoceptivas que vão determinar como nos sentimos, em termos de sentimentos simples ou crus. Mas eles têm um pequeno detalhe. O cérebro precisa dar significado às informações que recebe. O que fazer com esses sentimentos? O que é esse aumento no batimento cardíaco? Esse estômago embrulhado? Lembre-se, o cérebro está preso em uma caixa escura e silenciosa e não tem acesso às causas das sensações que recebe. Ele só tem os efeitos e precisa descobrir o que os causou. Bem, isso é o que são as previsões. As previsões conectam as sensações no corpo à experiência e nos permitem sentir o que está acontecendo ao nosso redor, e assim sabemos o que fazer. Às vezes, essas construções são emoções.

Então o cérebro não cria uma emoção, uma resposta, com base em um estímulo externo? Essa visão começa a mudar quando entendemos o verdadeiro papel do cérebro.

O cérebro não é feito para pensar. O *Le Penseur*, de Rodin, e a maior parte da civilização ocidental discordam, mas a biologia está do lado de Barrett (BARRET; SIMMONS, 2015). Cérebros evoluíram pela primeira vez durante a explosão cambriana, quando as criaturas começaram a caçar umas às outras. Se queimaram energia fugindo de uma ameaça em potencial que nunca chegou, desperdiçaram recursos que poderiam precisar mais tarde. Eficiência energética foi a chave para a sobrevivência. Um salto rápido de 500 milhões de anos e esses cérebros primordiais tornaram-se quase inimaginavelmente complexos, mas ainda são limitados energeticamente e prestam-se ao mesmo propósito: servir o corpo. Servir o corpo significa mantê-lo vivo e saudável, manter os sistemas coordenados e o metabolismo eficiente.

NÃO ESTÁ NA CARA!

O termo científico para isso é alostase, ou, o mais moderno, "orçamento corporal". As previsões surgem na busca de equilibrar o orçamento do corpo, como uma estratégia de economia de energia. Quando se trata de orçamento corporal, a previsão supera a reação. Uma criatura que preparou seu movimento antes do ataque do predador tinha mais chances de estar por perto amanhã do que uma criatura que esperava o ataque de um predador.

Assim, pensar, visto por essa lente evolutiva, não é a razão de ser cartesiana, mas um efeito colateral. Eu sou — quer eu pense ou não —, a menos que meu cérebro pare de fazer seu trabalho principal (manter meu corpo regulado). Para ser justa com os filósofos ao longo dos milênios, muito do que pensamos está envolvido no mecanismo de previsão que torna tudo isso possível. Mas, pensar no pensamento como a atração principal levou a humanidade a um erro persistente que periodicamente tentamos corrigir. Heráclito não conseguiu convencer Platão, mas talvez a neurociência possa convencê-lo.

A descoberta de que a construção das emoções requer um contexto específico, experiências passadas únicas e o orçamento corporal (as sensações interoceptivas que chegam do corpo a todo momento) muda completamente o modo como percebemos transtornos de humor e ansiedade. Isso porque a maneira como cada um de nós mantém o próprio orçamento corporal cria uma espécie de lente pela qual o cérebro constrói as previsões. Se o seu orçamento corporal está no verde, isto é, você dorme bem, come equilibradamente, se exercita e tem interações sociais, essas informações interoceptivas (positivas) contribuirão para a construção das previsões. Mas, se seu orçamento está no vermelho e você não dorme, está desidratado, come mal e é sedentário, então a construção das emoções terá sempre um viés negativo. Em outras palavras, se você não cuida do corpo, há uma grande chance de experimentar emoções negativas frequentemente. E isso faz todo o sentido, porque o cérebro não está separado do corpo. O corpo faz parte do cérebro, é um organismo, um sistema fechado com intensa troca de informações. É inocente pensar que as emoções negativas relacionadas à depressão e à ansiedade nada têm a ver com o que fazemos com o corpo. É uma constatação tão simples quanto revolucionária.

## Inteligência emocional e autorresponsabilidade

Todos nós sentimos nervosismo antes de fazer uma prova. Mas algumas pessoas sentem uma ansiedade paralisante. Como vimos, com base nas experiências passadas, o cérebro prevê o coração acelerado e as mãos suadas a ponto de não conseguir fazer a prova. Isso pode levar algumas pessoas a uma espiral de fracassos. Mas um coração acelerado não é necessariamente ansiedade. Pode significar que seu coração está se preparando para lutar e fazer sucesso no teste. Ou fazer uma palestra para centenas de pessoas. Quando aprendemos a transformar essa ansiedade em determinação, o cérebro também aprende a fazer previsões diferentes no futuro, ajudando a controlar a agitação. Se fizermos isso com frequência adequada, teremos resultados positivos em diferentes esferas da vida. Isso é inteligência emocional em ação.

Claro, os transtornos de humor, estresse e ansiedade existem e não é possível tratá-los apenas com estratégias como essa. Mas a questão aqui é que temos mais controle sobre nossas emoções do que imaginamos, e que temos a capacidade de reduzir o sofrimento emocional e suas consequências para a vida aprendendo não só a construir nossas experiências de forma diferente, mas a tratar o corpo como parte da mente e da construção das emoções. Mais controle, no entanto, significa mais responsabilidade. Se não estamos à mercê de circuitos emocionais míticos construídos em nosso cérebro, e que funcionam automaticamente, então quem é o responsável quando nos comportamos mal? Nós mesmos. Não porque somos culpados por nossas emoções, mas porque as ações e as experiências que temos hoje serão as previsões que nosso cérebro fará amanhã. Muitas vezes somos os únicos responsáveis, não porque somos culpados, mas porque somos os únicos que podemos mudá-las.

Autorresponsabilidade é uma palavra importante. Tão importante que às vezes resistimos. Nesse caso, resistência inclusive à evidência científica de que as emoções são construídas e não vêm prontas. A ideia de que somos responsáveis pelas nossas próprias emoções é difícil de engolir. Ainda assim, é uma mensagem muito poderosa e inspiradora, e o melhor caminho para um corpo mais saudável, interações sociais mais justas e maiores níveis de bem-estar.

# CAPÍTULO XI

# ATRAÇÃO SEXUAL, AMOR E APEGO: O CÉREBRO NO COMANDO DAS ELABORADAS ESTRATÉGIAS DE REPRODUÇÃO HUMANA

Você já experimentou a sensação perturbadora de que seus desejos sexuais, anseios românticos e sentimentos de união emocional de longo prazo estavam percorrendo caminhos diferentes? E talvez já tenha se perguntado: qual destes é amor?

Isso acontece por causa de três circuitos cerebrais diferentes. As pesquisas sobre a química cerebral das emoções associadas ao acasalamento, à reprodução e à criação dos filhos sugerem três sistemas emocionais — luxúria, atração e apego —, uma espécie de desconexão que acontece em seres humanos, mas a situação não é desesperadora: nosso também único córtex pré-frontal tem papel crucial no gerenciamento dessas emoções e escolhas, se assim desejarmos.

O que é amar? Milhares de respostas foram oferecidas, mas surpreendentemente poucas por biólogos ou neurocientistas. Talvez, em algum nível, cientistas partilhem do mesmo pressuposto de um poeta, de que o amor é inefável, uma quinta dimensão humana que está além do alcance da razão. Outros estados emocionais são extensamente estudados: depressão, ansiedade, medo... mas o amor é relegado a poetas e cantores. Estudar a biologia de emoções que guiam acasalamento e reprodução na nossa espécie é essencial, dadas as estimativas surpreendentes sobre homicídios "passionais", assédio, violência doméstica, rejeição e suicídio. O amor é uma força poderosa. A grande maioria das pessoas se casa, mas a taxa de divórcio também é alta. Cerca de 80% dos homens divorciados e 72% das mulheres

BEM-ESTAR COM NEUROCIÊNCIA

divorciadas se casam de novo; mas 54% e 61%, respectivamente, divorciam-se novamente. Altas taxas de divórcio e novos casamentos também são observados em outras culturas.

O que está acontecendo aqui? Seríamos todos masoquistas?

Na verdade, não, e se hoje entendemos mais sobre as emoções e os circuitos cerebrais relacionados ao acasalamento e reprodução, devemos às décadas de pesquisas da antropóloga Helen Fisher. Nossa vida amorosa é menos simples do que a de outros animais, porque contamos com três sistemas cerebrais primários, distintos, mas inter--relacionados, responsáveis por mediar acasalamento, reprodução e criação de filhos. Fisher e colaboradores chamam esses sistemas de luxúria, atração e apego (FISHER *et al.*, 2002). Cada sistema tem uma neurobiologia própria no cérebro, está associado a um repertório diferente de comportamento e evoluiu para dirigir um aspecto específico da reprodução em aves e mamíferos:

I — Sistema de impulso sexual (libido ou luxúria) é caracterizado pelo desejo de gratificação sexual e está associado principalmente aos hormônios estrogênio e andrógenos. O impulso sexual evoluiu para motivar os indivíduos a buscarem união sexual com parceiros apropriados.

II — Sistema de atração (em humanos, "amor apaixonado" ou "paixão") é caracterizado pelo aumento da energia e foco de atenção em um parceiro de acasalamento preferido. Em humanos, a atração também está associada à alegria, a pensamentos intrusivos sobre a pessoa amada e ao desejo de união emocional. No cérebro, a atração está associada a altos níveis de dopamina e norepinefrina e baixos níveis de serotonina. Este sistema evoluiu principalmente para permitir que machos e fêmeas distinguissem potenciais parceiros de acasalamento, conservassem energia para reprodução, preferissem indivíduos geneticamente superiores e perseguissem esses indivíduos até a conclusão da inseminação.

III — Sistema de apego ("amor companheiro" em humanos) é caracterizado em pássaros e mamíferos por comportamentos que incluem: defesa de território mútuo, construção de ninhos, alimentação e cuidados, ansiedade de separação e tarefas parentais

ATRAÇÃO SEXUAL, AMOR E APEGO

compartilhadas. Em humanos, o apego correspondido é caracterizado por sentimentos de calma, segurança, conforto social e união emocional. No cérebro, correlaciona-se principalmente aos neuropeptídeos ocitocina e vasopressina. Esse sistema evoluiu para motivar os indivíduos a manterem suas afiliações por tempo suficiente, de modo que sejam cumpridos deveres parentais e que a perpetuação da espécie (sobrevivência de filhotes) esteja garantida.

Para cada sistema, pode-se esperar que os circuitos neurais variem de uma espécie para outra, entre indivíduos dentro de uma espécie e ao longo da vida de um indivíduo. Os três sistemas podem atuar em conjunto entre si e com outros sistemas corporais. Ou seja, uma pessoa pode inicialmente sentir grande conexão sexual com outra, em seguida envolver-se romanticamente e posteriormente apegar-se ao parceiro ou parceira. Os sentimentos de apego, particularmente, podem ser intensificados após o orgasmo. Após o clímax sexual, os níveis de vasopressina aumentam nos homens e os de ocitocina nas mulheres. Sabe-se que esses hormônios causam apego e provavelmente contribuem para a sensação de proximidade após a relação sexual (quem diria que ficar de conchinha tinha uma explicação científica, hein?).

Os três sistemas emocionais também podem agir de forma independente. Indivíduos de aproximadamente 90% das espécies de aves formam laços de pares sazonais ou vitalícios, apegando-se e criando seus filhotes juntos. Mas, indivíduos de apenas 10% das cerca de 180 espécies de aves canoras, socialmente monogâmicas, são sexualmente fiéis aos seus parceiros de acasalamento; o restante se envolve em cópulas "extra par". Da mesma forma, homens e mulheres podem expressar profundo apego por um cônjuge ou companheiro de longa data, ao mesmo tempo que sentem atração por outra pessoa. Somos fisiologicamente capazes de "amar" mais de uma pessoa ao mesmo tempo (espero não ter dado carta branca aos leitores — meu papel é só o de transmitir o conhecimento científico). A independência destes sistemas pode ter evoluído entre nossos antepassados para permitir que machos e fêmeas pudessem aproveitar diferentes estratégias de acasalamento simultaneamente. Com circuitos neurais diferentes, eles poderiam formar vínculos duradouros com um parceiro e praticar adultério clandestino com outro, aproveitando oportunidades extras e certificando-se da perpetuação de seus genes. Para outros animais, assim como para nossos antepassados, as circunstâncias eram mais simples. Mas para os humanos modernos, estes circuitos cerebrais distintos complicaram enormemente a vida, contribuindo para os atuais padrões de adultério e divórcio, a alta incidência de ciúme sexual, perseguição e violência conjugal e a prevalência de homicídio, suicídio e depressão clínica associados à rejeição romântica.

Mas, qual é a neurobiologia desses sistemas? E por que eles evoluíram em humanos?

Há muito os cientistas consideram o sistema de impulso, distinto, inato e comum a todas as aves e a todos os mamíferos. A compreensão da neuroanatomia e da fisiologia básicas da libido também parece bem elucidada (associada a andrógenos e estrogênios). A relação biológica entre impulso sexual e sistema de atração é bem definida na maioria dos mamíferos, mas, em pequenos roedores, chamados rato-da-pradaria, estudos mostraram que os dois sistemas interagem regularmente. Quando uma fêmea recebe uma gota de urina masculina no lábio superior, o neurotransmissor norepinefrina é liberado em áreas específicas do bulbo olfatório. Isso ajuda a estimular a liberação de estrogênio e contribui para desencadear o comportamento sexual. No macho, a atração é uma reação excitatória breve, quimicamente induzida, que inicia o desejo sexual, a fisiologia e o comportamento sexual. Em humanos, impulso sexual e atração nem sempre andam de mãos dadas. Podemos sentir grande desejo sexual sem nos apaixonarmos ou nos apegarmos. Os fatores que desencadeiam a libido variam entre indivíduos e entre espécies, mas a sensação associada a correlatos neurais específicos evoluiu para iniciar o processo de acasalamento (FISHER, 1998).

Os andrógenos, particularmente a testosterona, são fundamentais para o desejo sexual tanto em homens quanto em mulheres. Indivíduos que têm níveis circulantes mais elevados de testosterona tendem a se envolver em mais atividade sexual. Mulheres que injetam ou aplicam creme de testosterona na pele aumentam o desejo sexual. Ambos os sexos também têm menos fantasias sexuais, masturbam-se com menos regularidade e têm menos relações sexuais à medida que envelhecem, já que a testosterona vai diminuindo. Assim, a testosterona é fundamental para o desejo sexual. Este, por sua vez, está associado a uma gama específica de correlatos neurais.

Estudos de imagem observaram que a ereção peniana e o impulso sexual (em homens e mulheres) ativavam áreas frontais (córtex pré-frontal, orbitofrontal e giro cingulado), áreas límbicas e paralímbicas no cérebro (ARNOW *et al.*, 2002). Em outro experimento, os pesquisadores mediram a atividade cerebral de homens enquanto experimentavam o orgasmo. O fluxo sanguíneo diminuiu em todas as regiões do córtex, exceto em uma região do córtex pré-frontal onde aumentou (TIIHONEN *et al.*, 1994). Esses e outros dados indicam que os correlatos neurais associados ao impulso e ao amor romântico (como veremos mais adiante) são sistemas neurais sobrepostos, mas distintos.

**Figura 23**: Áreas do cérebro feminino durante o prazer sexual e o orgasmo.

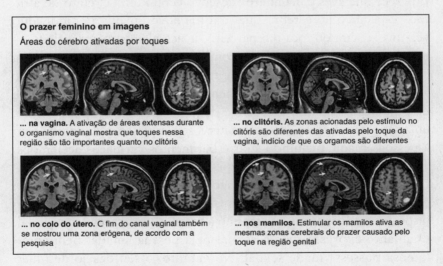

*Fonte:* ÉPOCA/GLOBO. Como as mulheres chegam ao orgasmo. Disponível em: https://revistaepoca.globo.com/Revista/Epoca/0,,EMI259005-15257,00.html. Acesso em: 3 out. 2023. Adaptado de: WISE NJ, FRANGOS E, KOMISARUK BR. Brain Activity Unique to Orgasm in Women: An fMRI Analysis. J Sex Med. 2017 Nov;14(11):1380-1391.

BEM-ESTAR COM NEUROCIÊNCIA

## Love is in the air

Amor romântico, amor apaixonado, paixão: temos vários sinônimos, mas, ao redor do mundo, homens e mulheres sabem bem o que é, suas dores e alegrias. Ou seja, para onde quer que olhemos, encontraremos evidências de amor e paixão: canções, poesias, filmes, mitos e fábulas, arte. A atração romântica parece ser uma experiência humana (quase) universal. Em 1871, Darwin escreveu sobre a evolução das "características sexuais secundárias": todos os apetrechos espalhafatosos e incômodos que as criaturas ostentam para impressionar ou lutar contra membros do mesmo sexo com a finalidade de ganhar oportunidades de reprodução ou para atrair membros do sexo oposto. No entanto, ele não percebeu que essas características físicas devem desencadear algum tipo de resposta de atração fisiológica no espectador. Hoje, muitos cientistas chamam esta atração de "favoritismo", "preferência sexual" ou "escolha sexual". E parece que aves e mamíferos desenvolveram um "circuito de atração" específico no cérebro que se torna ativo quando um indivíduo vê, ouve, cheira ou toca um parceiro de acasalamento apropriado — um circuito neural que cria uma condição que os humanos passaram a chamar de amor romântico. Durante o amor romântico, observam-se grandes mudanças de comportamento. O indivíduo sofre "ansiedade de separação" quando está longe da pessoa amada e, muitas vezes, uma série de sintomas do sistema nervoso simpático quando está com a pessoa amada, incluindo suor e batimentos cardíacos acelerados. Tornam-se emocionalmente dependentes; tendem a mudar prioridades e hábitos diários para manter contato e/ou impressionar a pessoa amada. Demonstram mais empatia pela pessoa amada e estão dispostos a se sacrificar, até mesmo a morrer, por esse outro especial. O amante expressa desejo sexual pela pessoa amada, bem como intensa possessividade sexual. No entanto, o seu desejo de união emocional substitui o desejo de união sexual com ele ou ela.

Além disso, estudos antropológicos e neurocientíficos mostram que a atração (ou amor) romântica está associada a alterações significativas nos níveis de diversos neurotransmissores, caracterizadas por: euforia da novidade (aumento da dopamina), pensamentos intrusivos

ATRAÇÃO SEXUAL, AMOR E APEGO

(diminuição da serotonina), atenção concentrada (aumento de dopamina e norepinefrina) e aumento de energia (aumento de dopamina e norepinefrina) (FISHER *et al.*, 2005). E essas características bioquímicas fazem com que a atração ou amor romântico se assemelhe bastante a um vício. Sim, podemos dizer que o amor é um vício. O apaixonado foca somente na pessoa, pensa obsessivamente nela, a deseja, distorce a realidade. Ele possui coragem para correr riscos. Desenvolve tolerância (precisa vê-la cada vez mais, e mais, e mais), abstinência e, por último, recaída. Assim, o amor é uma espécie de obsessão, com pensamentos intrusivos e ininterruptos — dia e noite. Uma obsessão que toma conta do indivíduo e faz com que ele perca a noção de si. Como se alguém estivesse morando em sua cabeça. Sim, o amor é selvagem. E a obsessão pode piorar se formos rejeitados.

Ao escanear cérebros de pessoas apaixonadas enquanto olhavam para fotos de seus amados, os pesquisadores não se surpreenderam quando observaram ativação intensa no núcleo acumbente, no centro de recompensa (mesma região que se torna ativa durante o uso da cocaína). Suspeitou-se então que, na verdade, o amor romântico não é uma emoção, mas um impulso. Um impulso primitivo advindo do motor da mente, da parte relacionada ao querer, ao desejo. E por isso é um dos sentimentos mais poderosos da Terra. Além do núcleo acumbente, outros estudos de imagem mostram aumento de atividade no caudado e na área tegmental ventral, regiões do sistema de recompensa e, a primeira, produtora de dopamina. Esse aumento era especificamente em neurônios ApEn, produtores de dopamina. Ou seja, esse processamento está ocorrendo bem abaixo do processo cognitivo de pensamentos, abaixo das emoções, mas em uma parte primitiva associada, como mencionado, ao querer, à motivação, ao foco e ao desejo. Esses dados combinados apoiam a hipótese de que as vias dopaminérgicas no sistema de recompensa do cérebro desempenham um papel central na atenção focada, no êxtase, na energia intensa, na hiperatividade, na insônia, nas alterações de humor, na dependência emocional, no desejo e na motivação associada ao amor romântico. Os comportamentos de dependência também estão provavelmente relacionados à atividade da dopamina em vias mesolímbicas, exatamente como na cocaína. Mas, como vimos, outro neurotransmissor também está envolvido no amor romântico. O aumento de norepinefrina produz aumento do estado de alerta e da atenção, da energia, da insônia e da perda de apetite — algumas das características básicas do amor romântico (FISHER *et al.*, 2005). Além disso, a norepinefrina está envolvida em aspectos da memória, de modo que pode contribuir para a capacidade do apaixonado de lembrar em detalhes ações e comportamentos da pessoa amada.

Talvez um dos traços bioquímicos mais curiosos do estado de amor romântico seja o da baixa atividade de serotonina, fortemente associada a uma das características cognitivas do apaixonado: pensamentos incessantes e obsessivos sobre o amado (como no transtorno obsessivo-compulsivo [TOC]). Um estudo clássico de Marazziti *et al.* (1999) mostrou que tanto os participantes apaixonados quanto os que sofriam de TOC apresentaram concentrações significativamente mais baixas do transportador de serotonina. Embora as atividades periféricas da serotonina não se correlacionem necessariamente com as atividades da serotonina no cérebro, a diminuição da atividade da serotonina central pode contribuir para o aumento do pensamento obsessivo.

**Figura 24**: As imagens do cérebro de indivíduos com o coração partido mostram ativação na ínsula anterior, mesma área ativada em situações de dor física.

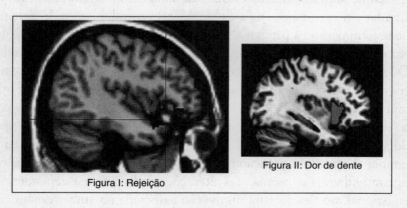

*Fonte:* Adaptado de SCIENCE. Rejection Is Like Pain to the Brain Social exclusion activates the same regions as physical pain. Disponível em: https://www.science.org/content/article/rejection-pain-brain. Acesso em: 5 out. 2023.

ATRAÇÃO SEXUAL, AMOR E APEGO

Os dados acima sugerem que a constelação de correlatos neurais associada ao amor romântico é amplamente distinta daquela do impulso ou desejo sexual. Mas, esses sistemas interagem, se sobrepõem, podendo agir em conjunto ou independentes. Evidentemente, do ponto de vista evolutivo, é mais vantajoso quando há uma associação positiva entre impulso sexual e amor romântico. Em outras palavras, apesar da capacidade das pessoas de distinguir entre sentimentos de amor romântico e de desejo sexual, este último é uma característica central do amor romântico humano. E a associação positiva entre os dois sistemas tem conexão biológica. A dopamina, por exemplo, pode estimular a liberação de testosterona e estrogênio, e vice-versa. Pode ainda estimular o comportamento copulatório através do aumento da excitação sexual e da facilitação de respostas genitais à estimulação. Outro neurotransmissor, a norepinefrina, também está concomitantemente associada à motivação e à excitação sexual. Como vimos, quando uma fêmea de rato-da-pradaria é exposta a uma gota de urina masculina no lábio superior, a norepinefrina é liberada em partes do bulbo olfatório, contribuindo para a liberação de estrogênio e comportamento pró-receptivo concomitante, assim como o estradiol e a progesterona produzem a liberação de norepinefrina no hipotálamo para induzir alterações corporais de copulamento em ratos. Por último, a norepinefrina, assim como a dopamina, estimula a produção de testosterona e níveis crescentes de testosterona podem elevar a atividade da norepinefrina e da dopamina. A conexão química positiva entre a norepinefrina e desejo sexual é evidenciada em usuários de drogas. Na dose oral correta, as anfetaminas (agonistas da norepinefrina) aumentam o desejo sexual.

Assim, como vimos, embora os estudos em animais sejam mais simples, em humanos a coisa é mais complexa. Os circuitos cerebrais de impulso e de amor romântico são diferentes, podem agir em conjunto ou não, e interagir com o terceiro sistema, o do apego.

## Quero você!

Em mamíferos sociais, comportamentos de apego incluem manter a proximidade e demonstrar ansiedade de separação quando

BEM-ESTAR COM NEUROCIÊNCIA

separados. Nas espécies que formam casais, o macho muitas vezes defende o território e os parceiros alimentam-se, cuidam uns dos outros e partilham tarefas parentais. Entre humanos, homens e mulheres também relatam sentimentos de proximidade, segurança, paz e conforto social com um parceiro de longa data, bem como leve euforia quando em contato, ansiedade de separação quando separados por períodos incomuns e monogamia. Não há dúvida de que o apego é um sistema neural distinto. Os cônjuges de casamentos longos mantêm uma ligação visível, expressam sentimentos de apego e demonstram deveres parentais mútuos — muitas vezes sem demonstrar ou relatar sentimentos de atração, ou desejo sexual.

Esse circuito está associado primariamente aos neuropeptídeos ocitocina e vasopressina, ligados à associação de pares. Um estudo genético interessante (FISHER, 2012) mostrou que quando o gene de ligação ao receptor associado à vasopressina foi transferido de ratos monogâmicos para camundongos não monogâmicos, e esses foram injetados com vasopressina, os camundongos antes pouco afetuosos expressaram comportamentos afiliativos e de ligação.

Em humanos, o apego de longo prazo é uma marca registrada. Quase todas as décadas, as Nações Unidas publicam dados sobre casamento e divórcio em diferentes sociedades. Quase todos os homens e mulheres nas sociedades tradicionais se casam. E por quê? Qual a vantagem evolutiva? Os circuitos cerebrais para o apego homem/mulher poderiam ter evoluído em qualquer momento da evolução humana; mas, como o apego monogâmico não é característico de macacos africanos, e porque é universal nas sociedades humanas, é razoável conjecturar que este circuito neural pode ter evoluído logo após nossos antepassados terem descido das árvores. Com o surgimento de um hominídeo ereto, as mulheres foram obrigadas a carregar seus bebês nos braços, e não mais nas costas. Como poderia uma mulher carregar um bebê em um braço e ferramentas e armas no outro, e ainda assim proteger-se e sustentar-se de forma eficaz? As fêmeas começaram, então, a precisar de um companheiro para ajudá-las enquanto amamentavam e carregavam os filhotes. Um homem teria tido considerável dificuldade em atrair, proteger e providenciar um harém, enquanto vagava pelas planícies da África Oriental.

ATRAÇÃO SEXUAL, AMOR E APEGO

Mas poderia facilmente defender e sustentar uma mulher e seu filho. Assim, ao longo do tempo, a seleção natural favoreceu aqueles com propensão genética para formar laços de pares — e a química do cérebro humano para o apego evoluiu. As relações entre evolução e apego nos levam a uma dúvida frequente entre biólogos e antropólogos. Afinal, o ser humano é monogâmico?

A monogamia humana nem sempre é permanente. Em quase todo o mundo, o divórcio é permitido e praticado. Mas até mesmo essa tendência humana parece decorrer, em parte, dos circuitos cerebrais associados ao sistema emocional de apego, embora fatores culturais contribuam para a frequência relativa do divórcio em determinada sociedade (por exemplo, em sociedades com maior autonomia econômica, onde os cônjuges são mais independentes, as taxas de divórcio são elevadas). Os dados das Nações Unidas indicam que homens e mulheres abandonam com maior frequência uma parceria que não produziu filhos ou gerou um filho dependente e a maioria dos indivíduos divorciados em idade reprodutiva se casam novamente. Além disso, quanto mais tempo dura a união, quanto mais velhos ficam os cônjuges e quanto mais filhos têm, maior é a probabilidade de o casal permanecer junto. Existem exceções, mas, em geral, as pessoas em todo o mundo tendem a formar uma série de apegos ou o que os pesquisadores chamam de monogamia em série. Estudos com humanos e outras espécies sugerem que esses padrões são inatos. Humanos tendem a se divorciar por volta do quarto ano após o casamento. Isto está de acordo com o período tradicional entre nascimentos humanos sucessivos, que também é de quatro anos. Essa tendência humana mundial reflete uma estratégia reprodutiva ancestral de hominídeos, de acasalar e permanecer juntos durante a amamentação e parte da infância de um único filho. A inquietação em relacionamentos longos provavelmente tem um correlato fisiológico no cérebro. Essa associação ainda não é conhecida, mas suspeita-se que, com o tempo, ou os receptores para neurotransmissores ficam excessivamente estimulados, ou o cérebro produz menos destes, deixando o indivíduo vulnerável ao estranhamento e ao divórcio (FISHER, 2012).

O conhecimento de padrões inatos e circuitos cerebrais nos leva a uma última reflexão. Seríamos apenas marionetes em um fio de

DNA? Afinal, não temos nenhum controle sobre nossa vida sexual e familiar? Bem, felizmente, não estamos à mercê de nossos instintos como outros animais, porque contamos com um enorme e flexível córtex pré-frontal, nosso executivo central, que permite monitorar milhares de dados e preparar as melhores respostas e comportamentos. É através dessa área exclusivamente humana (pelo menos do modo como é) e suas conexões que raciocinamos hipoteticamente, analisamos contingências, consideramos opções, planejamos o futuro e tomamos decisões. O cérebro reúne dados em novos padrões e, com a emergência do córtex pré-frontal, os humanos adquiriram um mecanismo cerebral que lhes permitiu comportar-se de formas únicas — qualitativamente diferentes do que define apenas a nossa biologia. Os cientistas estão apenas começando a responder às perguntas sobre amor, impulso sexual e apego, mas o conhecimento acadêmico nunca poderá destruir a verdadeira satisfação de amar e ser amado. Das profundezas da fornalha emocional do cérebro vem a química que carrega a magia do amor.

## Quando as coisas acabam mal

Como todos sabem, o amor nem sempre é uma experiência feliz. A rejeição, por exemplo, gera protesto, raiva, desespero. Quando levamos um fora, o que devemos fazer é simplesmente esquecer a pessoa e seguir com a vida, mas, curiosamente, parece acontecer exatamente o contrário. Estudos de imagem (FISHER, 2006) com indivíduos rejeitados mostram aumento de atividade na mesma região do cérebro associada ao amor romântico intenso, ou seja, em todo o sistema de recompensa, particularmente na área tegmental ventral (centro produtor de dopamina). Ou seja, essas áreas estão mais ativas porque os rejeitados não podem ter o que querem. Evolutivamente falando: um parceiro reprodutor adequado. Também foi observado aumento de atividade em uma região do cérebro associada a cálculos de ganhos e perdas, o núcleo acumbente. É como se esses sujeitos estivessem calculando o que deu errado, o que perderam. Além disso, foram observados aumentos de atividade também no córtex pré-frontal e insular.

ATRAÇÃO SEXUAL, AMOR E APEGO

De modo resumido, as ativações cerebrais e a rejeição romântica incluíram aumento de atividade na área tegmental ventral (sentimentos de intenso amor romântico), núcleo acumbente e córtex orbitofrontal (desejo e vício), córtex insular e giro cingulado anterior (dor física e angústia associada à dor física) e o globo pálido ventral (sentimentos de apego). Assim, indivíduos rejeitados experimentam sentimentos extremos de paixão romântica, desejo intenso e grave sofrimento físico e mental. Esses indivíduos também experimentam a chamada raiva do abandono, ativando sistemas primários de raiva ligados ao córtex pré-frontal (que antecipa recompensas) e produzindo respostas intensas às expectativas não cumpridas (chamada de frustração-agressão). Essas alterações aumentam os níveis de estresse e a pressão arterial e suprimem o sistema imunológico.

Mas o trauma da rejeição no amor tem uma explicação evolutiva. Indivíduos rejeitados desperdiçaram um precioso tempo de cortejo e energia metabólica e suas alianças sociais e futuro reprodutivo foram postos em perigo. Ou seja, estes indivíduos estão lutando contra um forte sistema de sobrevivência que evoluiu durante milhares de anos para proporcionar energia e motivação necessárias para encontrar ou manter uma parceria crucial para a reprodução, parceria agora naufragada. Em poucas palavras, sofrer por amor vai contra nosso instinto reprodutivo, literalmente dói, estressa e frustra como poucas experiências na vida. Bom, pelo menos do ponto de vista do cérebro.


## Antidepressivos, os inimigos do amor

De acordo com dados divulgados pela Organização Mundial da Saúde (OMS), o número de pessoas com depressão no mundo aumentou em mais de 18,4% nos últimos 10 anos. Estima-se que sejam mais de 322 milhões de pacientes depressivos, cerca de 4,4% da população do planeta. O Brasil é o país da América Latina com mais pessoas ansiosas e estressadas. Cerca de 5,8% dos brasileiros estão com depressão e 9,3% com ansiedade. Nos Estados Unidos, mais de 100 milhões de receitas para antidepressivos são prescritas todos os anos.

BEM-ESTAR COM NEUROCIÊNCIA

Dentre eles, o mais utilizado são os inibidores de recaptação de serotonina (ISRS), que, como o nome já diz, inibem a recaptação deste neurotransmissor, aumentando seus níveis na fenda sináptica. Até aqui, tudo bem. Mas tem um porém: ao aumentar os níveis de serotonina, o circuito da dopamina é suprimido. A dopamina está associada ao circuito da atração ou do amor romântico. Não somente esses remédios suprimem o circuito da dopamina, mas eles aniquilam o desejo sexual e consequentemente o orgasmo e toda a química subsequente relacionada ao apego. A ocitocina e a vasopressina, relacionadas ao apego, têm relações complexas com a neuroquímica do desejo sexual e da serotonina. O orgasmo, por exemplo, tem propósitos adaptativos, tais como facilitar sentimentos de apego através do aumento da ocitocina e da vasopressina em ambos os sexos. Alguns estudos em animais indicam que a testosterona também pode elevar a atividade da vasopressina e da ocitocina, aumentando comportamentos de apego (e vice-versa). Além disso, a ocitocina elevada pode suprimir a atividade central da serotonina no hipotálamo, no hipocampo, no mesencéfalo e no tronco cerebral, e a serotonina elevada pode suprimir a atividade da vasopressina (e vice-versa). Assim, antidepressivos que aumentam a serotonina e inibem o desejo sexual podem inibir os sentimentos de apego (FISHER; THOMSON, 2006).

No cérebro, tudo está conectado. Não existe almoço grátis: quando alteramos um circuito, mexemos em outro. E não é só o circuito da dopamina que é alterado, mas também o da norepinefrina, assim como a supressão da atividade da testosterona. Em outras palavras, antidepressivos que aumentam a transmissão de serotonina afetam negativamente o desejo e a excitação sexual e podem influenciar negativamente sentimentos de amor romântico, gerando uma espécie de embotamento emocional.

Medicamentos que melhoram a serotonina podem prejudicar uma miríade de mecanismos adaptativos femininos, obscurecendo a capacidade da mulher de fazer escolhas apropriadas de acasalamento, apaixonar-se e/ou manter relações reprodutivas apropriadas a longo prazo. Homens que fazem uso destes antidepressivos inibem uma série de mecanismos adaptativos que evoluíram para promover a seleção de parceiras. É comum observar impotência e dificuldade de ejaculação e baixas nos níveis de fertilidade. Com relação à fertilidade, a serotonina aumenta os níveis de prolactina, inibindo a atividade da dopamina e estimulando os fatores de liberação de prolactina. A prolactina pode prejudicar a fertilidade através de vários mecanismos hipotalâmicos e hipofisários. Além disso, alguns antidepressivos afetam negativamente o volume e a motilidade do esperma. Dessa forma, mesmo com uso indicado e útil em diversos casos, é preciso ter em mente que essas drogas também podem afetar negativamente o sistema neural do amor romântico, embotando o mecanismo cerebral para paixão romântica prolongada, sentimentos de apego durante um relacionamento de longo prazo e escolha de parceiros (FISHER; THOMSON, 2006).

O *Homo sapiens* herdou três sistemas cerebrais distintos, mas inter-relacionados, que direcionam comportamentos relacionados ao impulso sexual, ao amor romântico e ao apego ao parceiro. Esses sistemas neurais podem se tornar ativos em qualquer sequência, em conjunto ou independentes, ou seja, um indivíduo pode sentir um profundo apego por um cônjuge de longa data enquanto sente paixão romântica por outra pessoa, enquanto sente desejo sexual por outros. Somos animais, temos circuitos instintivos, mas também um córtex pré-frontal grande o bastante para guiar nossas decisões de forma consciente, de modo que não estamos totalmente à mercê da nossa biologia.

O amor estará sempre em nós, está profundamente arraigado em nossos cérebros. Nosso desafio maior é entender uns aos outros e sermos felizes com nossas escolhas.

# CAPÍTULO XII

# QUANDO ALGO VAI MAL: O CÉREBRO TRISTE E A DEPRESSÃO

Tristeza contínua, baixa autoestima, sentimento de culpa e desamparo, falta de motivação, irritação, intolerância, anedonia, ansiedade, alterações no apetite e no sono, dores, perda de libido e redução ou ausência de atividades sociais.

A maioria das pessoas reconhece esses sintomas e muitos de nós os experimentaremos em algum ponto da vida ou temos parentes e conhecidos que sofrem da doença. Reconhecemos a depressão, mas estamos longe de entender o que realmente está por trás dela. Durante anos, médicos e pesquisadores presumiram que a depressão resultasse da desregulação dos neurotransmissores serotonina, norepinefrina e dopamina, era a chamada hipótese das monoaminas. Mas desequilíbrio químico é uma figura de linguagem que não capta a complexidade da doença. Pesquisas indicam que existem muitas causas possíveis para a depressão, incluindo inflamação sistêmica, redução da plasticidade e alterações imunológicas. Certamente, há mudanças nos níveis de neurotransmissores, mas não é uma simples falta ou excesso. Existem trilhões de sinapses que constituem os sistemas dinâmicos responsáveis pelo humor, pelas percepções e por como vivenciamos a vida. Com esse nível de complexidade, é esperado que duas pessoas tenham sintomas semelhantes, mas causas diferentes, de modo que os tratamentos também devem ser heterogêneos.

Embora proposta pela primeira vez na década de 1960, a teoria das monoaminas na depressão (especificamente da serotonina) começou a ser amplamente promovida pela indústria farmacêutica na década de 1990, em associação com seus esforços para comercializar uma nova classe de antidepressivos, conhecidos como inibidores seletivos da recaptação da serotonina (ISRS). A ideia também foi endossada por instituições oficiais como a Associação Psiquiátrica Americana, que ainda sustentam que diferenças em certas substâncias químicas no cérebro são as maiores causas para os sintomas de depressão. Médicos e especialistas ao redor do mundo repetiram essa mensagem e as pessoas aceitaram o que lhes foi dito. O uso de antidepressivos aumentou dramaticamente e agora são prescritos indiscriminada-mente. Mas, já naquele período, existiam pesquisadores e médicos que sugeriam que não havia evidências satisfatórias para apoiar a ideia de que a depressão fosse simplesmente resultado de serotonina anormalmente baixa. À primeira vista, o fato de os antidepressivos do tipo ISRS atuarem no sistema serotoninérgico parece apoiar a teoria da serotonina na depressão. Os ISRS aumentam temporariamente a disponibilidade de serotonina no cérebro, mas isto não implica necessariamente que a depressão seja causada pelo oposto desse efeito. Além disso, a hipótese da serotonina (monoaminas) não consegue explicar a latência na resposta aos antidepressivos (estes medicamentos necessitam de 2 a 4 semanas para produzir efeitos terapêuticos) e o fato de muitos pacientes permanecerem refratários aos antidepressivos usados atualmente. Isso sugere que a hipótese da monoamina é inadequada e incompleta como fisiopatologia da depressão.

Um importante estudo recente (MONCRIEFF *et al.*, 2022) conduziu uma revisão "guarda-chuva" que envolveu a identificação e comparação sistemática de visões existentes das evidências dos possíveis mecanismos da serotonina na depressão. O estudo mostrou que não há evidências suficientes que possam corroborar a hipótese da serotonina na depressão. Não foram observadas alterações significativas nos receptores de serotonina, nas proteínas transportadoras, nos próprios níveis do neurotransmissor (reduzidos artificialmente) e em poliformismos genéticos que pudessem contribuir para a hipótese.

Embora ver a depressão como um distúrbio biológico possa parecer benéfico, pois talvez pudesse reduzir o estigma social, as

QUANDO ALGO VAI MAL: O CÉREBRO TRISTE E A DEPRESSÃO

pesquisas mostram o contrário, na verdade. Ao acreditarem que sua própria depressão se deve apenas a um desequilíbrio químico, as pessoas se tornam mais impotentes e pessimistas quanto às suas chances de recuperação. É importante lembrar que a ideia de que a depressão resulta de um desequilíbrio químico é hipotética. E ainda não entendemos bem o que a elevação temporária da serotonina ou outras alterações bioquímicas produzidas pelos antidepressivos fazem ao cérebro. Também é difícil dizer se o uso de antidepressivos ISRS vale a pena para a maioria dos pacientes.

Felizmente, o progresso da ciência é rápido e hoje já sabemos que muitos outros mecanismos estão envolvidos na fisiopatologia da depressão. Muitos estudos têm demonstrado que estresse, redução na plasticidade e na neurogênese, alterações imunológicas e aumento da inflamação são alguns dos fatores que contribuem dramaticamente para o aparecimento de sintomas depressivos. Nas próximas sessões, entenderemos mais detalhadamente o que acontece no cérebro quando exposto a esses fatores.

## Cérebro estressado: o início de tudo

Como humanos, vivenciamos fatores estressores há milênios. A resposta ao estresse abrange uma série de reações adaptadas para combater situações ameaçadoras e garantir nossa sobrevivência. Não mais vivemos em um mundo onde os fatores que geravam estresse eram caçar, evitar um predador, garantir a sobrevivência e procurar comida. Trocamos muitas das ameaças reais por imaginárias ou psicológicas, que provocam respostas cognitivas, comportamentais, autonômicas e neuroendócrinas relativamente estereotipadas e coordenadas. Enquanto a resposta ao estresse ou a ativação do sistema nervoso simpático obedecer à fórmula evolutiva — rápida e infrequente — não teremos problemas. Quando essas reações adaptativas são prolongadas e crônicas, os custos para o organismo são altíssimos e induzem modificações cerebrais de longo prazo, isto é, neuroplásticas, que estão frequentemente associadas a diversas psicopatologias, incluindo a depressão.

A neuroplasticidade prejudicial gerada pelo estresse modifica o humor, o afeto, a experiência de prazer, a cognição, funções somáticas e, em última análise, a sobrevivência. O estresse provoca alterações funcionais e anatômicas no cérebro que, em última instância, levam a mudanças neuroplásticas duradouras. Estas alterações incluem atividade aumentada da amígdala, redução de atividade e massa cinzenta do hipocampo, menor atividade do córtex pré-frontal (dorsolateral) e menor conectividade com as áreas frontais com o resto do cérebro. O mais interessante é que, embora a parte dorsolateral do córtex pré-frontal apresente hipoatividade, a parte orbitofrontal (logo atrás dos olhos) está hiperativada. A porção dorsolateral, que está com atividade diminuída, é responsável pela atenção seletiva, vigilância, memória de curto prazo e de trabalho, tomada de decisão, controle inibitório, flexibilidade cognitiva e velocidade de processamento de informação, todas funções reduzidas na depressão. Já a orbitofrontal e sua conexão íntima com a amígdala, onde a atividade está aumentada, tem relação com o viés negativo observado no paciente depressivo, que apresenta constante avaliação negativa sobre si mesmo e sobre o meio ambiente (TOWNSEND *et al.*, 2010). Juntas, essas modificações, que parecem ser causadas por perda de neurônios e redução da plasticidade (devido ao estresse), levam a alterações significativas no humor e na cognição.

Além das alterações cognitivas, o estresse crônico também induz o aparecimento de múltiplos sintomas somáticos, tais como: sono excessivo ou insônia, ganho ou perda significativa de peso, fadiga geral, falta de energia e alterações nas atividades motoras ou comportamentais. Essas funções são reguladas por regiões mais profundas do cérebro (subcorticais), como o tronco encefálico e o hipotálamo. Alguns estudos sugerem que a exposição ao estresse crônico tem relação com a ativação de células imunes que liberam citocinas pró-inflamatórias e influenciam diferentes regiões hipotalâmicas e do tronco cerebral (KIM *et al.*, 2022). Além disso, neurotransmissores do tronco cerebral têm sido implicados na regulação das funções somáticas que interagem com a maioria dos sinais discutidos no contexto do humor deprimido, anedonia e cognição. Os estudos mostram que os sintomas somáticos geralmente melhoram quando os depressivos

QUANDO ALGO VAI MAL: O CÉREBRO TRISTE E A DEPRESSÃO

diminuem, mas os mecanismos associados ainda não foram completamente elucidados.

A propósito de neurotransmissores, o estresse também altera a comunicação via serotonina, noradrenalina e dopamina. Embora esses sistemas tenham fornecido os principais alvos farmacológicos dos tratamentos antidepressivos, com efeito pequeno na depressão leve e moderada, isso não quer dizer que esses neurotransmissores não contribuam para o desenvolvimento de alguns sintomas depressivos. Um outro neurotransmissor, o glutamato, tem recebido atenção recentemente, já que tem papel essencial no aumento da neuroplasticidade. Descobriu-se que a cetamina, substância anestésica, reduz sintomas depressivos poucas horas após administração em pacientes com depressão resistente. A melhora do humor e das funções cognitivas, após a administração de cetamina, está associada à normalização da atividade do córtex pré-frontal através do aumento de plasticidade local (MANDAL *et al.*, 2019). Os efeitos dessas novas substâncias na plasticidade neural e na drástica redução de sintomas depressivos serão discutidos mais adiante.

Outro comportamento parece ser significativamente afetado pelo estresse relacionado à depressão e constante ativação do eixo HPA: o prazer ou a recompensa. A anedonia, ou incapacidade de sentir prazer, constitui um dos sintomas principais da depressão. Os circuitos cerebrais mais intimamente associados ao prazer e à recompensa incluem a área tegmental ventral, o estriado ventral/núcleo acumbente, o estriado dorsal, o putâmen e os córtices pré-frontal/orbitofrontal medial e cingulado anterior. Estudos de imagem recentes mostram que essas áreas estão disfuncionais em pacientes deprimidos (KAUFLING, 2019). Resultados de estudos retrospectivos de populações vítimas de abuso e estresse, especialmente durante a infância, indicam atividade reduzida em algumas regiões do estriado, principalmente em resposta a estímulos relacionados com a recompensa, mas não a estímulos negativos ou neutros, indicando um embotamento de respostas ao prazer, ou anedonia. Muitos sinais de humor deprimido contribuem para o aparecimento de anedonia induzida por estresse. Estes sinais refletem alterações nos sistemas de dopamina, noradrenalina, glicocorticoides e, mais recentemente, moléculas inflamatórias e glutamato.

Mas, surpreendentemente, as manipulações do sistema dopaminérgico na depressão geralmente não melhoram sintomas depressivos ou anedônicos, o que nos mostra, mais uma vez, que a depressão é uma doença muito mais complexa do que um simples desequilíbrio neuroquímico.

**Figura 25**: Conexões biodirecionais entre estresse, o cérebro, citocinas inflamatórias e eixo HPA.

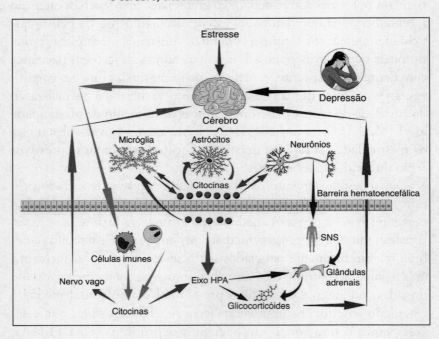

*Fonte:* Adaptado de LEONARD BE. Inflammation and depression: a causal or coincidental link to the pathophysiology? Acta Neuropsychiatr. 2018 Feb;30(1):1-16.

Mas, talvez a estrutura cerebral mais vulnerável ao estresse crônico, e consequentemente a que mais apresenta alterações morfológicas e celulares, seja o hipocampo. A redução do volume hipocampal é induzida por desregulação no eixo HPA (eixo do estresse), que

QUANDO ALGO VAI MAL: O CÉREBRO TRISTE E A DEPRESSÃO

por sua vez é causada por elevação constante dos glicocorticoides (hormônios esteroides). Duas hipóteses celulares foram propostas para explicar por que o hipocampo apresenta tamanha redução de volume na depressão: (i) a hipótese da neuroplasticidade e; (ii) a hipótese da neurogênese. A hipótese da neuroplasticidade explica que as alterações hipocampais são resultado de modificações na forma dos neurônios, como o encurtamento de dendritos (extensões ramificadas da membrana responsáveis por receber os sinais químicos de outro neurônio) e a diminuição do número e da densidade de espinhas dendríticas (pequenas extensões da superfície do dendrito que aumentam o armazenamento de informações e o número de sinapses possíveis). A hipótese da neurogênese explica como o volume do hipocampo diminui pela diminuição do nascimento de novos neurônios. Essas hipóteses são capazes de explicar a latência da resposta aos antidepressivos, já que estes medicamentos também interferem na plasticidade neural, embora de forma modesta. Também parecem muito mais adequadas para explicar a depressão do que a hipótese das monoaminas. As hipóteses de neuroplasticidade e neurogênese na depressão serão discutidas a seguir.

## Menos plástico e flexível

Os estudos sobre os mecanismos moleculares que estão por trás dos sintomas depressivos revelam que os neurônios alteram drasticamente a maneira como se comunicam, enviam sinais a outras partes da célula (intracelular), produzem proteínas ou novos neurônios e expressam genes. Em outras palavras, tais alterações incluem: mudanças na sinalização, na expressão de genes, neurogênese, neuroinflamação, alterações em sinapses e na quantidade dos fatores neurotróficos (particularmente o BDNF, que estudamos em capítulos anteriores). Essas alterações vão depender das regiões cerebrais implicadas na depressão. Os estudos se concentraram no córtex pré-frontal, no hipocampo, na amígdala, na área tegmental ventral, no núcleo acumbente e no eixo HPA. Essas descobertas resultaram em teorias complementares de depressão e da resposta antidepressiva, que tem

BEM-ESTAR COM NEUROCIÊNCIA

sido ligada, direta ou indiretamente, aos mecanismos moleculares que medeiam a plasticidade sináptica. De acordo com uma das principais teorias, o estresse crônico leva à diminuição significativa de fatores neuroprotetores (BDNF), dificultando a plasticidade, promovendo atrofia neuronal e redução de sinapses, particularmente no córtex pré-frontal e no hipocampo. Esse mecanismo compromete a aprendizagem e o enfrentamento do estresse, além de aumentar a atividade de regiões límbicas que são reguladas pelo córtex pré-frontal, como a amígdala, resultando em emoções negativas (YU; CHEN, 2011). Mas vamos tentar entender melhor, do ponto de vista molecular, como o estresse leva à redução de plasticidade e explica os sintomas da depressão.

A constante ativação do eixo do estresse (HPA) leva ao aumento na liberação de glicocorticoides pelas glândulas adrenais, nos rins, elevando a concentração desses hormônios no sangue e no líquido cefalorraquidiano. Por meio de um mecanismo de *feedback* negativo, quando os níveis de glicocorticoides estão altos, a atividade do eixo é inibida, evitando hiperativação. Isso significa que esses hormônios são os principais mediadores do estresse. O hipocampo parece ter papel fundamental nesse processo, já que o *feedback* recebido pelo cérebro ocorre através de seus receptores.

Curiosamente, a depressão leva a uma falha no mecanismo de *feedback* do eixo HPA, mantendo altos os níveis de glicocorticoides e reduzindo o volume do hipocampo, o que leva a um agravamento da falha do eixo HPA, resultando em depressão.

Como exatamente os glicocorticoides diminuem o volume do hipocampo? É o que tentam explicar as hipóteses da neuroplasticidade e da neurogênese.

A hipótese da neuroplasticidade sugere que o estresse, através dos glicocorticoides, induz a atrofia de neurônios no hipocampo. Inicialmente, os neurônios vão encurtando dendritos e reduzindo espinhas. Em seguida, reduzem a comunicação e morrem. Isso acontece porque o estresse crônico diminui a produção de BDNF, e já sabemos que essa proteína tem papel-chave na neuroplasticidade. Os antidepressivos podem recuperar alterações negativas induzidas pelo estresse justamente porque aumentam a expressão de BDNF, embora de forma discreta. De fato, uma grande quantidade de estudos mostra que os níveis de BDNF estão muito reduzidos em pacientes com depressão (YU; CHEN, 2011)

A segunda hipótese diz respeito ao nascimento de novos neurônios no hipocampo. A neurogênese no hipocampo adulto é um fenômeno que abrange uma série de processos de diferenciação, desde células-tronco neurais até neurônios maduros, em uma área específica do hipocampo chamada de giro denteado. A elevação nos níveis de glicocorticoides, em decorrência do estresse, inibe a gênese de novos neurônios, o que agrava ainda mais a desregulação do eixo HPA, levando a uma espiral negativa de processos moleculares prejudiciais

**Figura 26**: O estresse altera a neuroplasticidade em vários níveis estruturais levando à redução na plasticidade e, posteriormente, aos sintomas depressivos.
(a) O estresse crônico pode reduzir o número de espinhas dendríticas;
(b) O estresse crônico pode reduzir o comprimento e a complexidade dos dendritos (à esquerda); (c) O estresse crônico pode prejudicar a neurogênese (painel inferior).
A neurogênese é visualizada por uma marcação com bromo-desoxiuridina (BrdU), que marca células recentemente divididas, e duplacortina (DCX),
um marcador de neurônios imaturos.

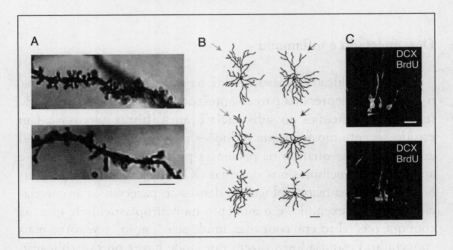

*Fonte:* PPITTENGER C, DUMAN RS. Stress, depression, and neuroplasticity: a convergence of mechanisms. Neuropsychopharmacology. 2008 Jan;33(1):88-109.

BEM-ESTAR COM NEUROCIÊNCIA

que contribuem para a fisiopatologia da doença. A hipótese da neurogênese na depressão leva facilmente à ideia de que os antidepressivos podem aumentar a neurogênese do hipocampo adulto. De fato, estudos mostram exatamente isso, embora o efeito seja modesto e não definitivo, isto é, requeira uso crônico. Embora ainda não se saiba ao certo como isso ocorre, ou seja, como os antidepressivos afetam a neurogênese no hipocampo, estudos mostram que esses medicamentos parecem: I) aumentar a quantidade de células precursoras neurais que darão origem a novos neurônios (por exemplo, o aumento de serotonina e noradrenalina induz a proliferação de células precursoras neurais) e II) induzir a produção de BDNF e outros fatores de crescimento não só pelos próprios neurônios, mas também por astrócitos (células de apoio neuronal, também chamadas de glia) (ENCINAS; VAAHTOKARI; ENIKOLOPOVl, 2010).

Estes avanços recentes abriram portas para a descoberta de substâncias e produção de novos medicamentos que, ao induzir a plasticidade, reduzem sintomas depressivos. E, principalmente, que possam fazê-lo de modo mais rápido e sem a necessidade de uso crônico. Essa é a nova psicofarmacologia, que veremos no próximo capítulo.

## Desconectado e inflamado

Além da redução na plasticidade e na criação de novos neurônios, o cérebro do depressivo parece apresentar mais uma característica: tem menos conexões ou substância branca (fibras nervosas). Um estudo recente mostrou que reduções na conectividade funcional eram revertidas quando os pacientes passavam por tratamento e apresentavam melhoras nos sintomas (KAISER *et al.*, 2016). Mas as hipóteses para a fisiopatologia da depressão parecem estar correlacionadas. Por exemplo, é o aumento na neuroplasticidade que faz com que o cérebro crie conexões, mude sua "fiação" e se torne mais conectado. Pesquisadores dizem que pode haver outra explicação para os efeitos observados: talvez as conexões cerebrais dos pacientes depressivos tenham sido prejudicadas pela inflamação. Inflamação

QUANDO ALGO VAI MAL: O CÉREBRO TRISTE E A DEPRESSÃO

é uma resposta produzida pelo sistema imunológico para proteger o corpo de patógenos, lesões e toxinas. Mas a inflamação crônica pode ser causada por estresse, má alimentação, estilo de vida pouco saudável ou doenças autoimunes. Inflamação crônica impede a capacidade de cura do corpo e, no cérebro, pode degradar gradualmente as conexões sinápticas.

Existem evidências que apoiam esta teoria. Pacientes com doenças inflamatórias crônicas, como lúpus e artrite reumatoide, têm sintomas associados acima da média. Claro que a consciência de ter que conviver com uma doença degenerativa e incurável pode contribuir para o aumento de emoções negativas, mas os estudos sugerem que a própria inflamação seja um fator decisivo. Induzir inflamação em certos pacientes, por exemplo, pode desencadear depressão. O interferon alfa, usado para tratar hepatite C crônica e outras doenças, causa grande resposta inflamatória, inundando o sistema imunológico com citocinas, que, por sua, vez induzem perda de apetite, fadiga e desaceleração da atividade física e mental — todos sintomas de depressão. Tais pacientes relatam sentir-se repentina e gravemente deprimidos (LAI *et al.*, 2023). Outros estudos observaram uma expressão aumentada de genes relacionados ao sistema imunológico em pacientes com depressão, sugerindo aumento de inflamação na doença (BEUREL *et al.*, 2020). Embora pareça claro, a relação causal ainda não está elucidada: a depressão causa inflamação ou a inflamação leva à depressão? E como a inflamação do "corpo" explica a depressão no cérebro?

Estudos mostram que citocinas inflamatórias no sangue podem atravessar a barreira hematoencefálica, ativar as células do sistema imunológico do cérebro, a micróglia, e causar neuroinflamação, alterando circuitos neurais. Amostras cerebrais *post-mortem* de pessoas que cometeram suicídio possuem atividade anormal da micróglia e níveis altos de citocinas inflamatórias (SUZUKI *et al.*, 2019). Estudos animais (MENARD *et al.*, 2017) mostraram que o vazamento da barreira hematoencefálica ocorre em áreas específicas envolvidas na depressão, como o núcleo acumbente, relacionado à recompensa e ao prazer. Em pessoas com risco de depressão, a inflamação pode ser um gatilho. Apenas um subconjunto de pacientes deprimidos — cerca de

30% — apresenta inflamação elevada, o que também está associado a respostas fracas aos antidepressivos. Esse subgrupo pode ser a chave para analisar as diferenças nos mecanismos subjacentes à depressão e personalizar o tratamento. Outros estudos mostram que pacientes deprimidos também têm níveis mais altos de proteína C reativa — produzida pelo fígado em resposta à inflamação (CHAMBERLAIN *et al.*, 2019). Consequentemente, a inferência feita por pesquisadores foi a de que se a inflamação induz sintomas depressivos, a redução da inflamação poderá proporcionar alívio.

Os medicamentos anti-inflamatórios, usados isoladamente ou em conjunto com um antidepressivo padrão, podem ajudar alguns pacientes deprimidos. Uma meta-análise de 2019 abrangendo quase 10.000 pacientes de 36 ensaios clínicos randomizados descobriu que diferentes agentes anti-inflamatórios, incluindo AINEs, inibidores de citocinas e estatinas, poderiam melhorar os sintomas depressivos. Mas alguns grandes ensaios clínicos recentes, que testaram medicamentos anti-inflamatórios, não encontraram qualquer impacto perceptível. Parte da questão é que os tratamentos anti-inflamatórios não podem ser usados como uma abordagem única, porque a depressão é hete-rogênea. Além disso, a maioria dos ensaios clínicos não é projetada para comparar os níveis de inflamação dos pacientes, mas análises *post-hoc* sugerem que os anti-inflamatórios de fato têm maior efeito em pacientes deprimidos com inflamação (LAI *et al.*, 2023). Estudos futuros precisam considerar a heterogeneidade dos pacientes e os diferentes tipos de depressão, bem como perfis inflamatórios.

É importante lembrar que a inflamação no nosso corpo serve a um propósito. A inflamação, além de ser um modo de conter uma lesão ou um patógeno, do ponto de vista evolutivo, pode ser uma forma de o sistema imunológico se comunicar com o cérebro. Quando os animais são feridos ou lutam contra uma infecção, o cérebro e o sistema imunológico trabalham em conjunto para interromper quaisquer atividades e permitir uma recuperação mais rápida. Nós, humanos contemporâneos, não precisamos mais caçar, vivemos em ambientes mais higiênicos e temos acesso a antibióticos. Mas criamos novas fontes de inflamação — alimentos pouco saudáveis e estilo de vida sedentário — e estamos induzindo respostas imunitárias menos

QUANDO ALGO VAI MAL: O CÉREBRO TRISTE E A DEPRESSÃO

adaptativas, já que esta inflamação é menos provável que resulte de infecção ou ferida.

Hoje contamos com informações que não tínhamos há 30 anos. Sabemos que embora os sintomas sejam semelhantes na depressão — fadiga, apatia, alterações de apetite e sono, anedonia e pensamentos suicidas —, a doença pode surgir de combinações completamente diferentes de fatores ambientais e biológicos. Desequilíbrios químicos, genes, estrutura cerebral e inflamação podem desempenhar papéis em graus variados. Depressão não é algo unitário, consequentemente não deve haver apenas um tratamento, e, sim, um conjunto de ferramentas que melhore a qualidade de vida do indivíduo, como terapia, mudanças no estilo de vida, alimentação adequada, neuromodulação e medicação.

A depressão é tão complexa quanto o próprio ser humano. No passado, os psiquiatras eram como exploradores que desembarcavam em uma pequena ilha desconhecida, montavam acampamento e ficavam confortáveis, observando. Hoje, descobriram a existência de um enorme e inexplorado continente.

# CAPÍTULO XIII

# PSICODÉLICOS E A NOVA PSICOFARMACOLOGIA

## Aldous Huxley e as portas da percepção

Em 5 de maio de 1953, o romancista Aldous Huxley dissolveu quatro décimos de grama de mescalina num copo de água e bebeu. Recostou-se e esperou que a droga fizesse efeito. Ele a consumiu sob supervisão do psiquiatra Humphry Osmond, a quem Huxley havia se oferecido como voluntário em um estudo. Osmond fez parte de um pequeno grupo de psiquiatras pioneiro no uso do LSD como tratamento para alcoolismo e outros transtornos mentais, no início dos anos 1950. Ele cunhou o termo "psicodélico", que significa "manifestação da mente", e embora sua pesquisa sobre o potencial terapêutico do LSD tenha produzido resultados iniciais promissores, ela foi abruptamente interrompida na década seguinte como parte da reação contra a contracultura hippie. Osmond nasceu em Surrey, Inglaterra, em 1917, e estudou medicina no Guy's Hospital, em Londres. Serviu na Marinha Real como psiquiatra de navio durante a Segunda Guerra Mundial e depois trabalhou na unidade psiquiátrica do Hospital St George's, em Londres. Enquanto estava em St George's, Osmond e seu colega John Smythies aprenderam sobre a síntese do LSD realizada por Albert Hoffman na Sandoz Pharmaceutical Company, na Suíça.

Após as famosas descrições da sua primeira exposição, Hoffman convenceu a Sandoz a disponibilizar o LSD a investigadores de todo

BEM-ESTAR COM NEUROCIÊNCIA

o mundo, sob o nome comercial Delysid. Hofmann também foi o responsável pela identificação do componente ativo dos cogumelos "mágicos", a psilocibina, disponibilizado também pela Sandoz como indocibina. De posse das substâncias e de outras, Osmond e Smythies iniciaram sua própria investigação sobre as propriedades dos alucinógenos e observaram que a mescalina produzia efeitos semelhantes aos sintomas da esquizofrenia e que sua estrutura química era muito semelhante à do neurotransmissor adrenalina. Isso os levou a postular que a esquizofrenia era causada por um desequilíbrio químico no cérebro. Em 1951, Osmond assumiu o cargo de vice-diretor de psiquiatria no Hospital Psiquiátrico Weyburn, no Canadá, e começou a colaborar em experimentos com Albert Hoffman utilizando LSD. Os pesquisadores teorizaram que a droga era capaz de induzir um diferente nível de autoconsciência que poderia ter potencial terapêutico (DOBLIN *et al.*, 2019).

O primeiro estudo, em 1953, envolveu dois pacientes alcoólatras, em que cada um recebeu uma dose única de 200 miligramas de LSD. Um deles parou de beber imediatamente após o experimento, e o outro, seis meses depois. Anos mais tarde, Colin Smith tratou 24 pacientes alcoólatras com LSD e relatou melhora significativa em metade deles. No final da década de 1960, Osmond e Hoffman haviam tratado aproximadamente 2 mil pacientes com resultados consistentes — os estudos pareciam mostrar que uma única dose de LSD poderia ser um tratamento eficaz para o alcoolismo, e relataram que cerca de 45% dos pacientes que receberam a droga não tiveram recaída até um ano depois. Na mesma época, outro psiquiatra estava realizando experiências semelhantes no Reino Unido. Ronald Sandison já havia visitado a Suíça em 1952, onde também conheceu Albert Hoffman e o uso de LSD na clínica. Ele retornou ao Reino Unido com 100 frascos da droga e realizou pesquisas que obtiveram resultados semelhantes aos de Osmond. Esses resultados atraíram grande interesse da mídia internacional e, como consequência, Sandison abriu a primeira clínica de terapia com LSD do mundo, que mais tarde enfrentou problemas judiciais. Entre os anos de 1950 e 1965, cerca de 40 mil pacientes receberam prescrição de uma ou outra forma de terapia com LSD (DOBLIN *et al.*, 2019). A pesquisa sobre os potenciais efeitos

PSICODÉLICOS E A NOVA PSICOFARMACOLOGIA

terapêuticos do LSD e de outros alucinógenos produziu mais de mil artigos científicos e seis conferências internacionais. Mas muitos destes primeiros estudos não eram particularmente robustos, carecendo de grupos controle e outros inúmeros vieses. Mesmo assim, as descobertas preliminares pareciam justificar mais pesquisas sobre os benefícios terapêuticos das drogas alucinógenas. As pesquisas, no entanto, foram interrompidas abruptamente, principalmente por razões políticas. Em 1962, o Congresso americano aprovou novas regulamentações de segurança de medicamentos e a *Food and Drug Administration* designou o LSD como droga experimental, proibindo pesquisas relacionadas. No ano seguinte, o LSD chegou às ruas e sua popularidade cresceu rapidamente. Em 1967, o LSD foi classificado na Tabela I da Convenção das Nações Unidas sobre Drogas e a maioria dos outros psicodélicos, particularmente a psilocibina e a mescalina, também foram incluídas, embora as evidências de danos fossem mínimas. Os medicamentos da Tabela I são definidos como não tendo uso médico aceito e com potencial significativo de danos e dependência, portanto, apesar desse cronograma ter sido claramente pouco científico para essas substâncias, elas permaneceram lá. Tanto o abuso quanto a associação com motins estudantis e manifestações antiguerra fizeram com que o governo federal americano as proibissem definitivamente em 1968. Este agendamento censurou efetivamente a pesquisa sobre psicodélicos por mais de 40 anos e somente na última década foram feitas tentativas de reverter isso.

## De volta ao futuro

A atual onda de interesse no potencial terapêutico dos psicodélicos é uma espécie de renascimento. Apenas recentemente cientistas tiveram a tecnologia para começar a desvendar como essas substâncias agem no cérebro. Os investigadores começaram a explorar os efeitos biológicos dos psicodélicos no final da década de 1990, utilizando técnicas de neuroimagem, como a tomografia por emissão de pósitrons, antes e depois de os voluntários utilizarem as drogas, ou em conjunto com antagonistas que minimizam alguns dos seus efeitos. Por volta deste período, vários grupos começaram a aplicar diversos métodos de pesquisa com psicodélicos diferentes, como o DMT e a psilocibina. Os resultados foram e têm sido inesperados e surpreendentes, como discutiremos a seguir. Antes, no entanto, vamos tentar entender o que são essas substâncias.

Os psicodélicos clássicos[1] incluem LSD, psilocibina e DMT. O LSD (dietilamida do ácido lisérgico) é um ergosterol semissintético que pode ser derivado do alcaloide natural do ergot, ácido lisérgico, que está contido no parasita do centeio *Claviceps purpurea.* A psilocibina (4-fosforiloxi-*N*,*N*-dimetiltriptamina) é uma indolealquilamina encontrada nos "cogumelos mágicos", fungos específicos como o *Psilocybe cubensis,* e que após a ingestão é rapidamente degradada em psilocina, o composto bioativo. A ayahuasca é uma preparação etnobotânica utilizada na Bacia Amazônica para fins religiosos, espirituais e de cura. O chá, produzido a partir de plantas indígenas da floresta tropical, contém DMT e *Alcaloides* β-carbolínicos (harmina, harmalina e tetrahidroharmina). Esses compostos são alcaloides obtidos da *Banisteriopsis caapi* (ayahuasca, ou "videira das almas") e funcionam como inibidores da monoamina oxidase (IMAOs) para bloquear o metabolismo do DMT, tornando-o ativo (HEAL *et al.*, 2018).

A 3,4-metilenodioximetanfetamina (MDMA — o nome químico correto para a droga recreativa *ecstasy*) foi amplamente utilizada como ferramenta para fins psicoterapêuticos, especialmente no aconselhamento de casais, quando era conhecida como *empatia.* No entanto, quando seu nome foi alterado para *ecstasy* e a droga começou a ser utilizado no cenário recreativo, o uso terapêutico foi praticamente interrompido. Até agora. Embora o MDMA não seja um psicodélico verdadeiro, tem profundos efeitos de autoconsciência e metacognição e tem se mostrado especialmente útil no tratamento do transtorno de

---

[1] Os compostos psicodélicos clássicos ou serotoninérgicos são assim chamados principalmente porque interagem com o sistema serotoninérgico e a maioria deles deriva de plantas ou são semissintéticos. Os psicodélicos serotoninérgicos incluem o LSD, a psilocibina e o DMT. Em alguns casos, partilham parte da estrutura química com o neurotransmissor endógeno da serotonina, em especial o 5-HT2A.

estresse pós-traumático (TEPT). O MDMA faz parte de uma classe de compostos estruturalmente relacionados às feniletilaminas psicodélicas e que por isso foram denominadas empatogênicas-entactogênicas. Embora os entactogênicos não induzam uma distorção total da percepção e da consciência, como acontece com os outros psicodélicos, suas propriedades têm grande potencial na extinção do medo e na reconsolidação da memória, por isso receberam designação inovadora para TEPT resistente ao tratamento (FEDUCCIA *et al.*, 2019).

A cetamina é um anestésico dissociativo antigo que tem sido usado, nos últimos anos e em doses mais baixas, como analgésico. A dissociação refere-se à interrupção de funções geralmente integradas, como consciência, memória, emoções e comportamento. A atividade analgésica pode resultar de interações com os sistemas serotoninérgico, opioidérgico e endocanabinoide, e vários canais de sódio dependentes de voltagem. Assim como os psicodélicos e o MDMA, também é usada recreativamente para produzir estados alterados de consciência, semelhantes aos psicodélicos. Quando os primeiros pesquisadores (DUEK *et al.*, 2023) começaram a usar cetamina como modelo experimental de psicose, notaram que as pessoas frequentemente experimentavam significativa melhora de humor depois de se recuperarem da "viagem". Outros ensaios com depressão resistente (ZANOS *et al.*, 2016) também obtiveram resultados impressionantes. Uma única dose intravenosa de cetamina produziu melhora no humor que durou dias. Desde então, foram realizados muitos estudos com cetamina. Seu enantiômero ativo, a s-cetamina (administrada por via intranasal), foi desenvolvido comercialmente e já é prescrito com sucesso. Todas as formas de cetamina devem ser administradas duas vezes por semana para manter os seus efeitos antidepressivos.

Assim, o grande interesse da comunidade científica é no efeito positivo destas substâncias em transtornos psiquiátricos. As centenas de estudos das últimas décadas mostram que psicodélicos melhoram de modo significativo sintomas depressivos, ansiolíticos e de dependência em pacientes. Alguns estudos mostram que estes efeitos persistem durante semanas, até meses após apenas uma ou duas doses. Alguns cientistas observaram que os efeitos antidepressivos do tratamento com psilocibina, por exemplo, podem durar pelo menos um ano em alguns pacientes, o que sugere que este pode ser um tratamento excepcionalmente útil para a depressão (CARHART-HARRIS *et al.,* 2018). Em comparação com os antidepressivos convencionais, que devem ser tomados por longos períodos de tempo e com inúmeros efeitos colaterais, a psilocibina (assim como outros psicodélicos) tem o potencial de aliviar de forma duradoura os sintomas da depressão com um ou dois tratamentos.

## Existem evidências científicas?

Apesar dos enormes esforços para descobrir determinantes fisiopatológicos, os tratamentos disponíveis para muitos transtornos psiquiátricos são parcialmente eficazes e ainda estão longe do ideal. São tratamentos que raramente levam à remissão clínica e apresentam efeitos colaterais significativos, atraso no início terapêutico e sintomas residuais. Portanto, identificar novas estratégias terapêuticas é de suma importância para o atual sistema de saúde pública.

Evidências preliminares sugerem que os psicodélicos têm grande potencial terapêutico para transtornos psiquiátricos, já que induzem mudanças profundas na consciência, na percepção, nas emoções e na autoconsciência. Estes efeitos foram descritos como paradoxais, porque mesmo que os indivíduos experimentem sintomas agudos semelhantes aos psicóticos, são relatadas melhorias significativas a médio e longo prazo no bem-estar psicológico (CARHART-HARRIS *et al.*, 2016a). Foram observadas evidências preliminares de segurança, eficácia e tolerabilidade dos psicodélicos em estudos que envolvem: 1) cetamina, psilocibina e ayahuasca para depressão resistente ao tratamento (CARHART-HARRIS *et al.*, 2016; MURROUGH *et al.*, 2013; PALHANO-FONTES *et al.*, 2019); 2) MDMA e LSD para TEPT resistente ao tratamento (MITHOEFER *et al.*, 2019; SCHMID *et al.*, 2021); 3) psilocibina para transtorno obsessivo-compulsivo (TOC) (MORENO *et al.*, 2006); 4) abuso de álcool (BOGENSCHUTZ *et al.*, 2015); 5) cessação do tabagismo (JOHNSON *et al.*, 2014); 6) ayahuasca para suicídio (ZEIFMAN *et al.*, 2021); e 7) psilocibina e dietilamida de ácido lisérgico (LSD) para ansiedade, depressão,

PSICODÉLICOS E A NOVA PSICOFARMACOLOGIA

dor e sofrimento associados a uma doença potencialmente fatal (GRIFFITHS *et al.*, 2016).

Em um estudo clássico (GRIFFITHS *et al.*, 2016), pesquisadores deram a voluntários saudáveis, não psiquiátricos, uma dose oral única de 25 mg de psilocibina em um ambiente psicoterapêutico e os acompanharam por alguns anos. Um grupo controle tratado da mesma forma recebeu uma dose do estimulante metilfenidato. Em contraste com o grupo do metilfenidato, que apresentou poucos benefícios a longo prazo, a maioria dos participantes do grupo da psilocibina achou a experiência gratificante e esclarecedora, muitos disseram que foi uma das experiências mais significativas de suas vidas. Além disso, este resultado positivo durou anos. Esse foi o primeiro estudo sistemático controlado do uso de um psicodélico em voluntários normais e serviu de base para estudos subsequentes. Essa mesma equipe de pesquisadores, e muitas outras, vêm conduzindo, na última década, diversos ensaios clínicos com resultados surpreendentes: 1) utilizando psilocibina em fumantes que desejavam parar de fumar (12 dos 15 indivíduos deixaram de fumar e permaneceram livres do cigarro aos 6 meses — um resultado extremamente significativo); 2) utilizando psilocibina para depressão resistente (CARHART-HARRIS *et al.*, 2016b), com melhorias altamente significativas nas classificações de depressão observadas em todos os momentos, com a significância máxima do efeito observada na quinta semana de tratamento; 3) utilizando psilocibina para depressão e ansiedade no final da vida (GRIFFITHS *et al.*, 2016), onde foram observadas reduções drásticas nas escalas de depressão e ansiedade e associações significativas entre experiências místicas e mudanças positivas duradouras; 4) utilizando psilocibina para dependência de álcool (BOGENSCHUTZ *et al.*, 2015), onde cientistas observaram reduções significativas no consumo etílico sem quaisquer efeitos adversos da psilocibina; 5) utilizando ayahuasca em participantes com depressão com resultados como reduções significativas nos sintomas (ZEIFMAN *et al.*, 2021); 6) utilizando MDMA (MITHOEFER *et al.*, 2018) para pacientes com TEPT com efeitos terapêuticos poderosos; 7) estudos utilizando administração intravenosa única de cetamina com melhoras significativas e rápidas dos sintomas depressivos (em 1–3 dias). A rápida eficácia da cetamina no tratamento da depressão resistente foi reproduzida por vários outros estudos ao longo dos últimos anos (ZANOS *et al.*, 2016).

Os estudos realizados até agora observaram resultados encorajadores, sugerindo que estes compostos podem ter um lugar definitivo no tratamento de transtornos psiquiátricos. No entanto, uma barreira importante prejudica a investigação pré-clínica e clínica dos psicodélicos, dificultando, em última análise, a potencial aplicação dessas substâncias na psiquiatria e na medicina em geral: a classificação como substâncias da Tabela ou Lista l nos Estados Unidos (e classificações homólogas em outros países). De acordo com o estatuto, talvez já obsoleto, os psicodélicos são substâncias com elevado potencial de abuso e sem aplicação médica. As etapas que podem reconciliar esta dualidade incluem, mas não estão limitadas a: 1) aumento de ensaios clínicos, pré-clínicos e de fase I a III, demonstrando a eficácia clínica desta classe de compostos para doenças mentais específicas e aprovação por agências governamentais reguladoras de medicamentos; 2) uma abordagem baseada em evidências por parte dos legisladores e órgãos de financiamento; 3) desestigmatização destes compostos pela sociedade, o que requer esforços do governo, órgãos reguladores, órgãos financiadores, instituições acadêmicas, sistema de saúde e meios de comunicação; e 4) financiamento prioritário dedicado a responder a essas questões através de investigações científicas baseadas em evidências.

Evidentemente, nenhum medicamento é isento de riscos, de modo que tais medidas podem ajudar a definir mais claramente os limites entre riscos reais e benefícios da aplicação dos psicodélicos. O que podemos afirmar até agora é que estas substâncias parecem de fato funcionar, e que os efeitos terapêuticos são surpreendentemente potentes. Mas, por que e como? Que efeitos os psicodélicos têm no cérebro que possam levar a resultados tão significativos?

**Uma viagem e tanto**

Quando se trata do efeito dos psicodélicos no cérebro, nada é ordinário. E no que diz respeito aos mecanismos de ação, três fatores devem ser considerados: os receptores do neurotransmissor

## PSICODÉLICOS E A NOVA PSICOFARMACOLOGIA

serotonina, córtex pré-frontal e plasticidade. À primeira vista, pode parecer comum, afinal, diversas drogas agem no córtex pré-frontal ou no sistema serotoninérgico, e neuroplasticidade é um fenômeno que, apesar de circunstancial, ocorre no cérebro adulto, como já vimos (inclusive com o uso de antidepressivos inibidores seletivos de recaptação de serotonina). A mágica aqui está na ativação seletiva, por parte dos psicodélicos, de um tipo de receptor de serotonina e em uma área específica do cérebro. Sabemos que muitos transtornos psiquiátricos, especialmente a depressão, são marcados por diminuição na densidade dos dendritos dos neurônios do córtex (assim como em outras áreas), o que promove atrofia e redução da plasticidade. Em uma série de estudos inovadores (VARGAS *et al.*, 2023), pesquisadores descobriram os mecanismos pelos quais a ativação de receptores 5-HT2ARs de serotonina por psicodélicos promove neuroplasticidade, comportamentos antidepressivos e uma espécie de *reset* cerebral. Esses efeitos, além de rápidos, são profundos e duradouros, o que pode explicar por que uma única dose promove resultados que duram semanas ou meses. A serotonina tem diversos receptores espalhados pelo cérebro. Cada área tem uma quantidade maior ou menor dos tipos de receptores, cujas ativações induzem alterações diferentes. Os receptores 5-HT2ARs são especialmente densos em regiões cerebrais essenciais para a aprendizagem e a cognição, especificamente o córtex pré-frontal.

Pesquisadores explicam que as terapêuticas à base de serotonina, como os inibidores seletivos da recaptação da serotonina, não promovem neuroplasticidade da mesma forma que os psicodélicos. Por isso, estes últimos são chamados de psicoplastógenos, isto é, drogas que induzem plasticidade de forma rápida e duradoura. A atrofia cortical é uma característica central de muitas doenças psiquiátricas e neurodegenerativas, razão pela qual o avanço de medicamentos que promovam a neuroplasticidade e o crescimento neuronal é tão importante.

Há anos os pesquisadores já sabem que tanto a serotonina quanto os psicodélicos ativam o receptor 5-HT2A, mas não estava claro por que os últimos produzem efeitos mais rápidos e sustentados na plasticidade estrutural e no comportamento. Os estudos mostram que a localização do receptor 5-HT2A, que se encontra dentro da

**Figura 27**: Psicoplastógenos são substâncias que promovem neuroplasticidade de forma rápida e sustentada.

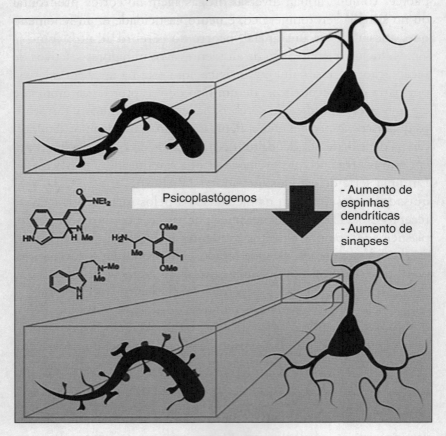

*Fonte:* Adaptado de LY C, GREB AC, CAMERON LP, WONG JM, BARRAGAN EV, WILSON PC, BURBACH KF, et al. Psychedelics Promote Structural and Functional Neural Plasticity. Cell Rep. 2018 Jun 12;23(11):3170-3182.

membrana do neurônio, e não na superfície, como a maioria dos receptores, é crítica para determinar os efeitos (CELADA *et al.*, 2004). Os resultados destes estudos têm o potencial de transformar a forma como os cientistas pensam sobre os psicodélicos e outras drogas que têm como alvo o sistema da serotonina, já que agora se sabe que: 1) os receptores 5-HT2ARs estão localizados dentro da membrana do neurônio; 2) a serotonina geralmente não consegue atravessar a membrana celular para se ligar a esses receptores; e 3) muitos psicodélicos podem atravessar a membrana celular para se ligar aos 5 — HT2ARs, desencadeando plasticidade significativa.

Usando ferramentas moleculares e genéticas, os investigadores descobriram que os receptores 5-HT2ARs intracelulares do córtex medeiam as propriedades de promoção da plasticidade dos psicodélicos, demonstrando porque somente a serotonina (e consequentemente os antidepressivos clássicos) não suporta mecanismos de plasticidade semelhantes.

**Figura 28**: Animais que expressam mais transportadores de serotonina (SERT+) e que podem levar mais serotonina para dentro da célula — como receptores 5-HT2ARs — apresentam marcadores mais elevados de neuroplasticidade (isto é, quantidade de espinhas dendríticas) em comparação aos controles. Esses animais também apresentam redução de imobilidade no teste de natação forçada, indicativo de comportamento antidepressivo.

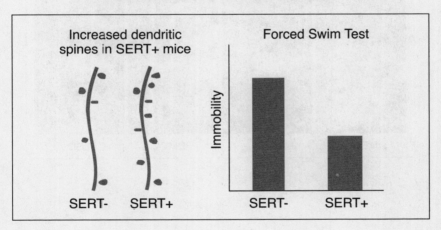

*Fonte:* LY *et al.*, 2018.

Em estudos recentes (LY *et al.*, 2018), neurônios corticais cultivados foram tratados com uma variedade de psicodélicos para determinar quais mudanças ocorreriam. A maioria dos psicodélicos

**Figura 29**: Neurônios corticais tratados com diferentes psicodélicos onde são observados o nascimento de espinhas dendríticas (abaixo) e a alteração na morfologia dos dendritos (aumento de arborização) (acima). VEH: grupo controle; DOI (anfetamina alucinógena); DMT (ayahuasca) e LSD.

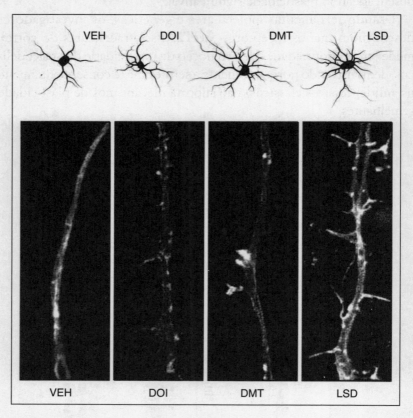

*Fonte:* LY *et al.*, 2018.

produziu aumento na complexidade dos dendritos, afetando tanto o comprimento quanto o número total. Como já sabemos, a perda de espinhas dendríticas está associada à depressão e a outros transtornos psiquiátricos, por isso também foram testados os efeitos dos psicodélicos na espinogênese (formação de novas espinhas). Culturas corticais de animais maduros foram tratadas com psicodélicos diferentes e descobriu-se que todos aumentaram o número de espinhas dendríticas e promoveram a sinaptogênese (formação de novas sinapses). Em seguida, foi observado que uma única injeção intraperitoneal de DMT em ratos vivos aumenta a densidade das espinhas dendríticas nos neurônios piramidais corticais, bem como a frequência de impulsos nervosos. Todos esses efeitos são traduzidos em aumentos na plasticidade neural.

Outros estudos (MOLINER *et al.*, 2023) observaram que o efeito antidepressivo do LSD e da psilocibina parece ocorrer através da ligação entre essas substâncias e uma proteína, o receptor tirosina quinase beta (TrkB), que, então, induz a produção de BDNF e a plasticidade duradoura. Em Ly *et al.* (2018), investigadores descobriram que vários antidepressivos, como Prozac, imipramina e cetamina, parecem interagir com TrkB, aumentando o BDNF, aliviando a depressão, pelo menos em animais, ao aumentar o BDNF sem alterar os níveis de serotonina. No estudo, os pesquisadores deram aos neurônios, em uma placa de Petri, LSD ou psilocina. Em ambos os casos, os psicodélicos procuraram a TrkB e ligaram-se a ela mil vezes mais que ao Prozac ou à cetamina. Essa ligação especial entre o psicodélico e a proteína TrkB parece ajudar esta última a interagir com o BDNF melhor do que normalmente seria capaz, aumentando a atividade neuroplástica. Os mesmos resultados foram observados em organismos vivos (animais), sugerindo que a ativação do TrkB e do BDNF com os psicodélicos não envolve a via alucinógena da serotonina. A pesquisa contribui para o esforço em descobrir maneiras de tornar os antidepressivos mais eficazes sem desencadear o lado indesejável e alucinógeno dos psicodélicos. No futuro, os medicamentos concebidos para atingir a via TrkB/BDNF poderão abrir a acessibilidade à terapia psicodélica assistida para muitas pessoas.

Embora os estudos estejam avançando, uma dúvida ainda permanece. Por que a plasticidade induzida pelos psicodélicos é duradoura? Por que dura semanas ou meses? As alterações celulares certamente são profundas, diversas. Os estudos mostram que o fato de os efeitos serem tão duradouros reside na força da ativação do receptor por parte dos psicodélicos, desencadeando complexos mecanismos de expressão gênica. A ligação entre o psicodélico e o receptor da serotonina 5-HT2ARs ativa genes específicos, chamados de *immediate early genes* (IEG), ou genes precoces imediatos, que, por sua vez, influenciam a plasticidade sináptica e a neuroquímica cerebral, induzindo mudanças de longo prazo. São essas mudanças que provavelmente estão subjacentes à eficácia terapêutica de uma única dose. Isto é, os psicodélicos não apenas atuam alterando os níveis de neurotransmissores, e consequentemente a funcionalidade de determinadas regiões cerebrais, mas também produzem alterações genéticas em diversas regiões do cérebro. Estas mudanças estão particularmente relacionadas ao desenvolvimento e à função neuronal, assim como a alterações na morfologia dos dendritos, indicadores de plasticidade.

**Figura 30**: Esquema mostrando mecanismos e caminhos propostos pelos quais os psicodélicos serotoninérgicos medeiam seus efeitos.

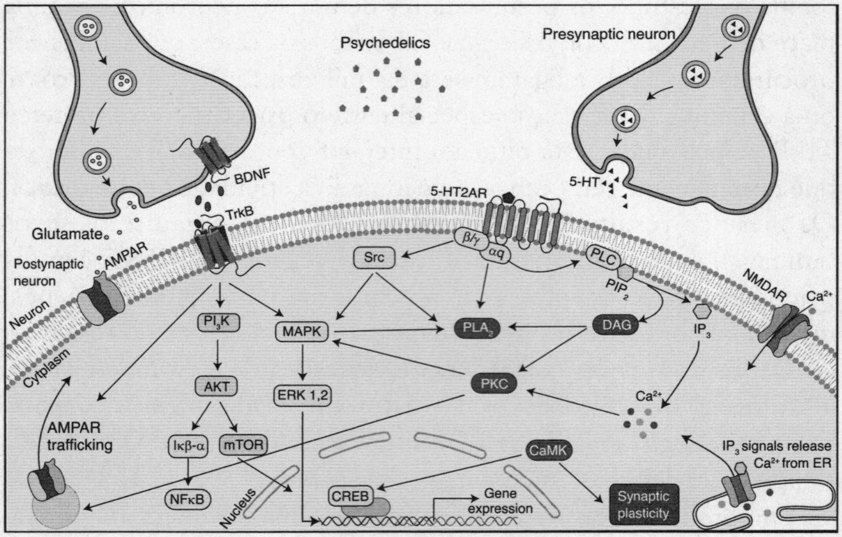

*Fonte:* DE VOS CMH, MASON NL, KUYPERS KPC. Psychedelics and Neuroplasticity: A Systematic Review Unraveling the Biological Underpinnings of Psychedelics. Front Psychiatry. 2021 Sep 10;12:724606.

## Mais conectados: mudanças genéticas nos neurônios

Ao ativarem os receptores 5-HT2ARs de serotonina, os psicodélicos iniciam uma cascata de sinalização dentro dos neurônios, promovendo a expressão dos IEGs e resultando em uma plasticidade duradoura. Os IEGs representam uma classe de genes que respondem rápida e transitoriamente a uma variedade de estímulos celulares. Existem mais de 100 genes IEGs, embora apenas um pequeno subgrupo, representado por genes como c-fos, Arc e Egr1, tenha sido encontrado em neurônios e seja indicador de atividade neural relacionada a comportamento e cognição. Quando esses genes são ativados, eles induzem duas ações importantes: I) a produção de proteínas especiais, chamadas de fatores de transcrição, que influenciam a fisiologia neuronal; e II) a regulação de genes de resposta tardia. A expressão desses genes em resposta à alta atividade neuronal está relacionada à aprendizagem, memória, síntese de BDNF, F-actina (responsável pela reconfiguração dos dendritos) e plasticidade em geral. Contrariamente, diminuições na expressão do c-Fos foram observadas em transtornos psiquiátricos e no envelhecimento, comprometendo a função neuronal e a plasticidade.

Estudos em animais mostram que o LSD é capaz de induzir a expressão de c-Fos e de BDNF (FRANKEL *et al.*, 2002). Baixas doses de LSD aumentam agudamente os níveis plasmáticos de BDNF em humanos. A regulação positiva do BDNF induzida por psicodélicos fornece um caminho potencial pelo qual essas substâncias influenciam a plasticidade neural, já que o BDNF tem um papel na potencialização de sinapses ativas e demonstrou mediar a sinaptogênese, promovendo neuroplasticidade. A expressão do *Arc* (indicador de aumento na quantidade de dendritos e força sináptica) também se encontra aumentada após administração com DOI (PEI *et al.*, 2000), assim como a produção proporcional de BDNF (BENEKAREDDY *et al.*, 2013). Resultados similares foram observados em animais administrados com psilocibina (JEFSEN *et al.*, 2021), onde a substância induziu a expressão de c-Fos.

Usando análise computacional, pesquisadores construíram redes de coexpressão genética com base em dados de RNA-seq e

**Figura 31**: Esquema mostrando as redes de coexpressão gênica no cérebro do grupo controle e do grupo tratado com LSD. As conexões do LSD são menos centralizadas e mais complexas, sugerindo que este ajuda a conectar o cérebro.

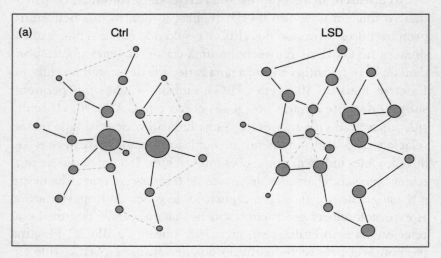

*Fonte:* SAVINO; NICHOLS, 2022.

investigaram as possíveis relações regulatórias entre os genes, antes e depois do tratamento com LSD. Eles então investigaram a entropia transcricional dessas redes genéticas para mensurar como o LSD as altera, e descobriram que a substância aumenta a plasticidade das redes, tornando-as mais complexas e menos centralizadas. Esse aumento, juntamente com as alterações epigenéticas, poderia explicar o impacto a longo prazo dos psicodélicos na melhora da conectividade cerebral (SAVINO; NICHOLS, 2022).

De fato, em estudos recentes, pesquisadores observaram mudanças na atividade cerebral e na conectividade funcional após uso de LSD e psilocibina. As substâncias foram capazes de facilitar a desintegração de conexões-padrão, restaurando a plasticidade em redes estáveis permanentes e induzindo hiperconectividade entre regiões que normalmente não se comunicam (CARHART-HARRIS *et al.*, 2016).

Foi demonstrado ainda que a psilocibina aumenta a quantidade de entropia no cérebro (TAGLIAZUCCHI *et al.*, 2014). Em outras

PSICODÉLICOS E A NOVA PSICOFARMACOLOGIA

**Figura 32:** Mostrando atividade cerebral sob tratamento com placebo *versus* LSD. Quanto mais laranja-amarelado (claro), mais conectado o cérebro.

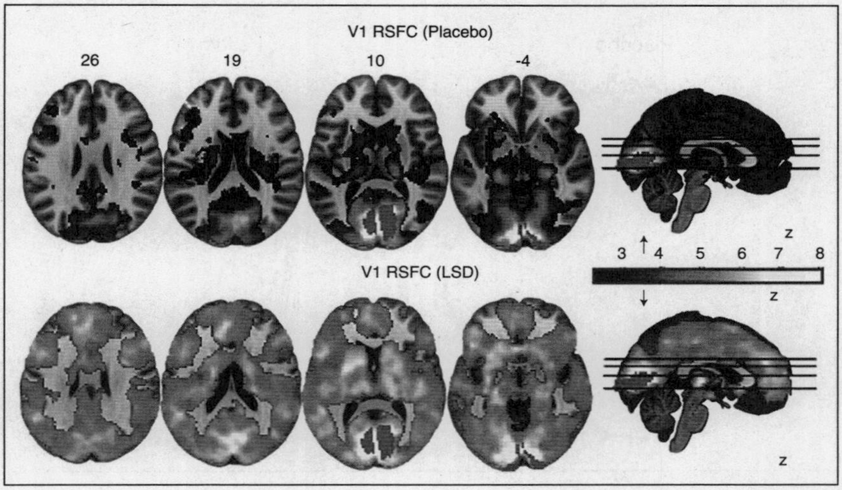

*Fonte:* CARHART-HARRIS *et al.,* 2016.

palavras, a psilocibina permite que neurônios façam conexões que normalmente não utilizam, tornando o cérebro mais flexível e criativo, aumentando a flexibilidade cognitiva e alterando padrões de pensamento. Este último efeito é especialmente importante na depressão, onde os sujeitos apresentam padrões fixos de pensamento e ruminação.

Por fim, em um estudo de revisão, cientistas avaliaram as evidências clínicas de psicodélicos no tratamento do Alzheimer e apresentaram *insights* interessantes. Em primeiro lugar, o receptor 5-HT2A é encontrado em altas concentrações em regiões do cérebro vulneráveis à demência (JONES *et al.*, 2022). A neuroplasticidade e a neurogênese, induzidas por psicodélicos através do receptor 5-HT2A, poderiam, teoricamente, ajudar a proteger esta região da degeneração e, potencialmente, religar conexões para melhorar a cognição. Além disso, estudos de imagem mostram o efeito dos psicodélicos na reorganização das redes neurais, sugerindo que possam melhorar

**Figura 33**: Imagem computacional de Petri *et al.* (2014), mostrando conexões adicionais feitas entre áreas distintas do cérebro na psilocibina.

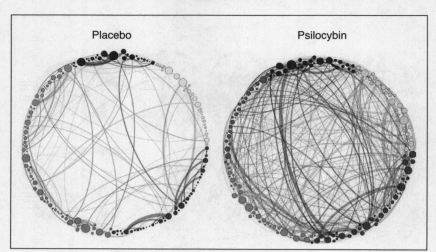

*Fonte:* PETRI G, EXPERT P, TURKHEIMER F, CARHART-HARRIS R, NUTT D, HELLYER PJ, VACCARINO F. Homological scaffolds of brain functional networks. J R Soc Interface. 2014 Dec 6;11(101):20140873.

circuitos disfuncionais na demência. A revisão destacou ainda o efeito anti-inflamatório dos psicodélicos. Foi observado que psicodélicos têm propriedades anti-inflamatórias potentes e sua afinidade pelo receptor 5-HT2A demonstra que esse efeito anti-inflamatório pode ser direcionado para o cérebro. Como a maioria dos fatores de risco genéticos e ambientais conhecidos no Alzheimer estão associados à inflamação, os psicodélicos poderiam ajudar a tratar a doença.

O tratamento de transtornos psiquiátricos com psicodélicos parece promissor, seus efeitos no cérebro são potentes e únicos. Mas, parte deste sucesso se deve ao que pesquisadores chamam de *set* e *setting*, ou seja, a maneira como essas substâncias são administradas (e os passos subsequentes) e o ambiente são cruciais. É a chamada psicoterapia assistida por psicodélicos. A maioria dos medicamentos que trata a depressão e a ansiedade podem ser adquiridos na farmácia local.

PSICODÉLICOS E A NOVA PSICOFARMACOLOGIA

Estas novas abordagens, pelo contrário, utilizam uma substância poderosa num ambiente terapêutico e sob a supervisão de um psicoterapeuta treinado, isto é, circunstâncias altamente circunscritas e controladas e, consequentemente, difíceis de serem implementadas com segurança no "mundo real". A sessão medicamentosa, por exemplo, é realizada em uma sala com iluminação ambiente suave e trilha sonora reconfortante (o que também pode contribuir para o valor terapêutico). Geralmente há dois terapeutas presentes na sala (idealmente um homem e uma mulher) que estão lá para fornecer garantias, cobertura médica e cuidados. Eles só conversam com o paciente se ele quiser. É importante notar que não há expectativa de conversa durante a "viagem" e nenhuma orientação por parte de qualquer terapeuta sobre a fala ou pensamento do paciente. É no dia seguinte, na sessão de "integração", que o conteúdo da viagem é discutido e interpretado e os benefícios psicoterapêuticos são obtidos.

A questão da segurança também é importante. Embora a proibição dos psicodélicos e do MDMA tenha sido feita com base em alegações de danos, em grande parte fictícias, não há dúvida de que estas substâncias são drogas poderosas que alteram a mente, podendo impactar profundamente o cérebro. Os riscos existem. Em casos extremamente raros, psicodélicos como a psilocibina e o LSD podem provocar uma reação psicótica duradoura, mais frequentemente em pessoas com histórico familiar de psicose. Como resultado, aqueles com esquizofrenia, por exemplo, são excluídos de ensaios envolvendo psicodélicos. Além disso, o MDMA é um derivado da anfetamina, e pode, portanto, apresentar risco de abuso.

O estatuto jurídico deste também é desafiador, uma vez que todos os psicodélicos e o MDMA estão listados nas Convenções da ONU como drogas da Lista I. Apesar da crescente evidência de eficácia e segurança, ainda estão sujeitos a controles legais, o que significa que a obtenção das substâncias, até mesmo para pesquisa, é extremamente difícil. Até que estes regulamentos sejam reformados, as pesquisas continuarão limitadas e a utilidade terapêutica destas notáveis substâncias levará um tempo desnecessariamente longo para ser adequadamente avaliada, enquanto pessoas ao redor do mundo continuam a sofrer de transtornos mentais.

*The Brain — is wider than the Sky —*
*For — put them side by side —*
*The one the other will contain*
*With ease — and you — beside —*

*The Brain is deeper than the sea —*
*For — hold them — Blue to Blue —*
*The one the other will absorb —*
*As sponges — Buckets — do —*

*The Brain is just the weight of God —*
*For — Heft them — Pound for Pound —*
*And they will differ — if they do —*
*As Syllable from Sound —*

WAGNER-MARTIN, Linda. Emily Dickinson:
A Literary Life. NY: Palgrave Macmillan, 2013.

# REFERÊNCIAS

ADAMI, R. *et al*. Reduction of Movement in Neurological Diseases: Effects on Neural Stem Cells Characteristics. *Front Neurosci.*, n. 12, 336, 23 maio 2018. Disponível em: https://www.frontiersin.org/articles/10.3389/fnins.2018.00336/full. Acesso em: 2 out. 2023.

AFTANAS, L. I.; GOLOCHEIKINE, S. A. Human anterior and frontal midline theta and lower alpha reflect emotionally positive state and internalized attention: high-resolution EEG investigation of meditation. *Neuroscience Letters*, v. 310, n. 1, pp. 57-60, set. 2001. Disponível em: https://www.sciencedirect.com/science/article/abs/pii/S0304394001020948. Acesso em: 2 out. 2023.

AHLSKOG, J. E. Does vigorous exercise have a neuroprotective effect in Parkinson disease? Neurology., v. 77, n. 3, pp. 288-94, jul. 2011. Disponível em: https://pubmed.ncbi.nlm.nih.gov/21768599/. Acesso em: 2 out. 2023.

ARNOW, B. A. *et al*. Brain activation and sexual arousal in healthy, heterosexual males. *Brain*, v. 125, n. Pt 5, pp. 1014-23, maio 2002. Disponível em: https://pubmed.ncbi.nlm.nih.gov/11960892/. Acesso em: 2 out. 2023.

BALBAN, M. Y. *et al*. Brief structured respiration practices enhance mood and reduce physiological arousal. *Cell Rep Med.*, v. 4, n. 1, 100895, jan. 2023. Disponível em: https://pubmed.ncbi.nlm.nih.gov/36630953/. Acesso em: 2 out. 2023.

BARRETT, L. F.; SIMMONS, W. K. Interoceptive predictions in the brain. *Nature Review Neuroscience,* v. 16, n. 7, pp. 419-29, jul. 2015. Disponível em: https://www.nature.com/articles/nrn3950. Acesso em: 2 out. 2023.

BARRETT, L. F. The theory of constructed emotion: an active inference account of interoception and categorization. *Social Cognitive and Affective Neuroscience,* v. 12, n. 1, pp. 1-23, jan. 2017. Disponível em: https://academic.oup.com/scan/article/12/1/1/2823712. Acesso em: 2 out. 2023.

BARRIENTOS, R. M. *et al.* Brain-derived neurotrophic factor mRNA down-regulation produced by social isolation is blocked by intrahippocampal interleukin-1 receptor antagonist. *Neuroscience*, v. 121, n. 4, pp. 847-53, 2003. Disponível em: https://pubmed.ncbi.nlm.nih.gov/14580934/. Acesso em: 29 set. 2023.

BASSI, M. S.; IEZZI, E.; GILIO, L.; CENTONZE, D.; BUTTARI, F. Synaptic Plasticity Shapes Brain Connectivity: Implications for Network Topology. *Int J Mol Sci.*, v. 20, v. 24, pp. 6193, 2019. Disponível em: https://www.mdpi.com/1422-0067/20/24/6193. Acesso em: 25 set. 2023.

BENEKAREDDY, M. *et al.* Induction of the plasticity-associated immediate early gene Arc by stress and hallucinogens: role of brain-derived neurotrophic factor. *Int J Neuropsychopharmacology,* v. 16, n. 2, pp. 405-15, mar. 2013. Disponível em: https://pubmed.ncbi.nlm.nih.gov/22404904/. Acesso em: 2 out. 2023.

BERCIK, P. *et al.* The intestinal microbiota affect central levels of brain-derived neurotropic factor and behavior in mice. *Gastroenterology*, v. 141, n. 2, pp. 599-609, ago. 2011. Disponível em: https://pubmed.ncbi.nlm.nih.gov/21683077/. Acesso em: 2 out. 2023.

BEUREL, E.; TOUPS, M.; NEMEROFF, C. B. The Bidirectional Relationship of Depression and Inflammation: Double Trouble. *Neuron.* v. 107, n. 2, pp. 234-256, jul. 2020. Disponível em: https://pubmed.ncbi.nlm.nih.gov/32553197/. Acesso em: 2 out. 2023.

BOGENSCHUTZ, M. P. *et al.* Psilocybin-assisted treatment for alcohol dependence: a proof-of-concept study. *J Psychopharmacol*, v. 29, n. 3, pp. 289-99, mar. 2015. Disponível em: https://pubmed.ncbi.nlm.nih.gov/25586396/. Acesso em: 2 out. 2023.

BREMNER, J. D. Stress and brain atrophy. *CNS & neurological disorders drug targets*, n. 5, v. 5, pp. 503-512, 2006. Disponível em: https://doi.org/10.2174/187152706778559309. Acesso em: 26 set. 2023.

BROADHOUSE, K. M. *et al.* Hippocampal plasticity underpins long-term cognitive gains from resistance exercise in MCI. *Neuroimage Clin.*, v. 25, 102182,

# REFERÊNCIAS

jan. 2020. 10.1016/j.nicl.2020.102182. Disponível em: https://pubmed.ncbi.nlm.nih.gov/31978826/. Acesso em: 2 out. 2023.

BROWN, R. P.; GERBARG, P. L. Sudarshan Kriya yogic breathing in the treatment of stress, anxiety, and depression: part I-neurophysiologic model. *J Altern Complement Med.*, v. 11, n. 1, pp, 189-201, fev. 2005. Disponível em: https://pubmed.ncbi.nlm.nih.gov/15750381/. Acesso em: 2 out. 2023

CARHART-HARRIS, R. L. *et al.* Psilocybin with psychological support for treatment-resistant depression: six-month follow-up. *Psychopharmacology (Berl),* v. 235, n. 2, pp. 399-408, 2018. Disponível em: https://pubmed.ncbi.nlm.nih.gov/29119217/. Acesso em: 2 out. 2023.

CARHART-HARRIS, R. L. *et al.* Psilocybin with psychological support for treatment-resistant depression: an open-label feasibility study. *Lancet Psychiatry.,* v. 3, n. 7, pp. 619-27, jul. 2016. Disponível em: https://pubmed.ncbi.nlm.nih.gov/27210031/. Acesso em: 2 out. 2023.

CARHART-HARRIS, R. L.; GOODWIN, G. M. The Therapeutic Potential of Psychedelic Drugs: Past, Present, and Future. *Neuropsychopharmacology*, v. 42, pp. 2105-2113, 2017. Disponível em: https://www.nature.com/articles/npp201784. Acesso em: 2 out. 2023.

CARHART-HARRIS, R. L. *et al.* Neural correlates of the LSD experience revealed by multimodal neuroimaging. *Proc Natl Acad Sci U S A.,* v. 113, n. 17, pp. 4853-8, abr. 2016. Disponível em: https://pubmed.ncbi.nlm.nih.gov/27071089/. Acesso em: 2 out. 2023.

CELADA, P.; PUIG, M.; AMARGÓS-BOSCH, M.; ADELL, A.; ARTIGAS, F. The therapeutic role of 5-HT1A and 5-HT2A receptors in depression. *Journal of Psychiatry Neuroscience*, v. 29, n. 4, pp. 252-265, jul. 2004. Disponível em: https://www.ncbi.nlm.nih.gov/pmc/articles/PMC446220/. Acesso em: 2 out. 2023.

CERRI, M.; AMICI, R. Thermoregulation and Sleep: Functional Interaction and Central Nervous Control. *Comprehensive Physiology*, v. 11, n. 2, pp. 1591-1604, 2021. Disponível em: https://onlinelibrary.wiley.com/doi/abs/10.1002/cphy.c140012. Acesso em: 25 set. 2023.

CHAKRAPANI, S.; ESKANDER, N.; SANTOS, L. A. de los; OMISORE, B. A.; MOSTAFA, J. A. Neuroplasticity and the Biological Role of Brain Derived Neurotrophic Factor in the Pathophysiology and Management of Depression. *Cureus*, v. 12, n. 11, e11396, 2020. Disponível em: https://pubmed.ncbi.nlm.nih.gov/33312794/. Acesso em: 25 set. 2023.

CHAMBERLAIN, S. R. *et al.* Treatment-resistant depression and peripheral C-reactive protein. *Br J Psychiatry,* v. 214, n. 1, pp. 11-19, 2019. Disponível em: https://pubmed.ncbi.nlm.nih.gov/29764522/. Acesso em: 2 out. 2023.

CHEN, L.; BECKETT, A.; VERMA, A.; FEINBERG, D. A. Dynamics of respiratory and cardiac CSF motion revealed with real-time simultaneous multi-slice EPI velocity phase contrast imaging. *Neuroimage*, n. 122, pp. 281--7, nov. 2015. Disponível em: https://pubmed.ncbi.nlm.nih.gov/26241682/. Acesso em: 2 out. 2023.

CHEN, C.; NAKAGAWA, S.; AN, Y.; ITO, K.; KITAICHI Y, KUSUMI I. The exercise-glucocorticoid paradox: How exercise is beneficial to cognition, mood, and the brain while increasing glucocorticoid levels. *Front Neuroendocrinol*, n. 44, pp. 83-102, jan. 2017. Disponível em: https://pubmed.ncbi.nlm.nih.gov/27956050/. Acesso em: 2 out. 2023.

CLARK, E. A.; OSWALD, A. J. Satisfaction and Comparison Income. *Journal of Public Economics*, v. 61, n. 3, 1996, pp. 359-381. Disponível em: https://doi.org/10.1016/0047-2727(95)01564-7. Acesso em: 28 set. 2023.

COAN, J. A.; BECKES, L.; GONZALEZ, M. Z.; MARESH, E. L.; BROWN, C. L.; HASSELMO, K. Relationship status and perceived support in the social regulation of neural responses to threat. *Social Cognitive and Affective Neuroscience*, v. 12, n. 10, pp. 1574-1583, 2017. Disponível em: https://doi.org/10.1093/scan/nsx091. Acesso em: 29 set. 2023.

CORREIA, A. S.; VALE, N. Tryptophan Metabolism in Depression: A Narrative Review with a Focus on Serotonin and Kynurenine Pathways. *Int J Mol Sci*, v. 23, n. 15, pp. 8493, jul. 2022. Disponível em: https://www.mdpi.com/1422-0067/23/15/8493. Acesso em: 2 out. 2023.

CRESWELL, J. D.; MYERS, H. F.; COLE, S. W.; IRWIN, M. R. Mindfulness meditation training effects on CD4+ T lymphocytes in HIV-1 infected adults: a small randomized controlled trial. *Brain Behav Immun.*, v. 23, n. 2, pp. 184-8, fev. 2009. Disponível em: https://pubmed.ncbi.nlm.nih.gov/18678242/. Acesso em: 2 out. 2023.

CUENTAS-CONDORI, A.; MILLER, D. M. Synaptic remodeling, lessons from C. elegans. *Journal Neurogenetics*, v. 34, n. 3-4, pp. 307-322, 2020. Disponível em: https://www.tandfonline.com/doi/full/10.1080/01677063.2020.1802725. Acesso em: 25 set. 2023.

DAVIDSON, R. J. *et al.* Alterations in brain and immune function produced by mindfulness meditation. *Psychosom Med.*, v. 65, n. 4, pp. 564-70, jul./ago.

REFERÊNCIAS

2003. Disponível em: https://pubmed.ncbi.nlm.nih.gov/12883106/. Acesso em: 2 out. 2023.

DE VOS, C. M. H.; MASON, N. L.; KUYPERS, K. P. C. Psychedelics and Neuroplasticity: A Systematic Review Unraveling the Biological Underpinnings of Psychedelics. *Front Psychiatry,* n. 12, 724606, set. 2021. Disponível em: https://www.frontiersin.org/articles/10.3389/fpsyt.2021. 724606/full. Acesso em: 2 out. 2023.

DI TELLA, R.; NEW, J. H.-D.; MACCULLOCH, R. Happiness adaptation to income and to status in an individual panel. *Journal of Economic Behavior & Organization,* v. 76, n. 3, pp. 834-852, 2010. Disponível em: https://www. hbs.edu/ris/Publication%20Files/Happiness%20Adaptation%20to%20 income_8ad30890-6af9-43b7-b185-a29eeb15d8ea.pdf. Acesso em: 28 set. 2023.

DIENER, E.; SELIGMAN, M. E. P. Beyond money: toward an economy of well-being. *Psychological Science in the Public Interest,* v. 5, n. 1, pp. 1-31, 2004. Disponível em: https://journals.sagepub.com/doi/10.1111/j.0963-7214.2004.00501001.x. Acesso em: 29 set. 2023.

DOBLIN, R. E.; CHRISTIANSEN, M.; JEROME, L.; BURGE, B. The Past and Future of Psychedelic Science: An Introduction to This Issue. *J Psychoactive Drugs,* v. 51, n. 2, pp. 93-97, abr./jun. 2019. Disponível em: https://www. tandfonline.com/doi/full/10.1080/02791072.2019.1606472. Acesso em: 2 out. 2023.

DOLL, A. *et al.* Mindful attention to breath regulates emotions via increased amygdala-prefrontal cortex connectivity. *Neuroimage.,* n. 134, pp. 305-313, jul. 2016. Disponível em: https://pubmed.ncbi.nlm.nih.gov/27033686/. Acesso em: 2 out. 2023.

DONOVAN, N. J. *et al.* Association of Higher Cortical Amyloid Burden With Loneliness in Cognitively Normal Older Adults. *JAMA Psychiatry,* v. 73, n. 12, pp. 1230-1237, dez. 2016. Disponível em: https://pubmed.ncbi.nlm.nih. gov/27806159/. Acesso em: 29 set. 2023.

DREHA-KULACZEWSKI, S. *et al.* Inspiration is the major regulator of human CSF flow. *J Neurosci.,* v. 35, n. 6, pp. 2485-91, fev. 2015. Disponível em: https://pubmed.ncbi.nlm.nih.gov/25673843/. Acesso em: 2 out. 2023.

DUEK, O. *et al.* Long term structural and functional neural changes following a single infusion of Ketamine in PTSD. *Neuropsychopharmacology,* n. 48, pp. 1648-1658, jun. 2023. Disponível em: https://www.nature.com/articles/s41386-023-01606-3. Acesso em: 2 out. 2023.

DUNBAR, R. I. The social brain hypothesis and its implications for social evolution. *Ann Hum Biol.*, v. 36, n. 5, pp. 562-72, set./out. 2009. Disponível em: https://pubmed.ncbi.nlm.nih.gov/19575315/. Acesso em: 28 set. 2023.

DUNN, E. W.; AKNIN, L. B.; NORTON, M. I. Spending money on others promotes happiness. *Science*, v. 319, n. 5870, pp. 1687-8, 21 mar. 2008. Disponível em: https://www.science.org/doi/10.1126/science.1150952. Acesso em: 28 set. 2023.

EIMONTE, M. *et al.* Residual effects of short-term whole-body cold-water immersion on the cytokine profile, white blood cell count, and blood markers of stress. *Int J Hyperthermia*, n. 38, v. 1, pp. 696-707, 2021. https://www.tandfonline.com/doi/full/10.1080/02656736.2021.1915504. Acesso em: 25 set. 2023.

ENCINAS, J. M.; VAAHTOKARI, A.; ENIKOLOPOV, G. Fluoxetine targets early progenitor cells in the adult brain. *Proc. Natl. Acad. Sci. U.S.A.*, n. 103, pp. 8233-8, maio 2006. Disponível em: https://pubmed.ncbi.nlm.nih.gov/16702546/. Acesso em: 2 out. 2023.

EPLEY, N.; SCHROEDER, J. Mistakenly seeking solitude. *Journal of Experimental Psychology: General*, v. 143, n. 5, pp. 1980-1999, 2014. Disponível em: https://faculty.haas.berkeley.edu/jschroeder/Publications/Epley&Schroeder2014.pdf. Acesso em: 29 set. 2023.

ERDMAN, S. E. *et al.* Nitric oxide and TNF-alpha trigger colonic inflammation and carcinogenesis in Helicobacter hepaticus-infected, Rag2-deficient mice. *Proc Natl Acad Sci U S A,* v. 106, n. 4, pp. 1027-32, jan. 2009. Dispponível em: https://www.pnas.org/doi/full/10.1073/pnas.0812347106. Acesso em: 2 out. 2023.

FAN, X. *et al.* Noradrenergic signaling mediates cortical early tagging and storage of remote memory. Nat Commun 13, 7623 (2022).

FARRELL, C. *et al.* DNA methylation differences at the glucocorticoid receptor gene in depression are related to functional alterations in hypothalamic--pituitary-adrenal axis activity and to early life emotional abuse. *Psychiatry Res.*, n. 265, pp. 341-348, jul. 2018. Disponível em: https://pubmed.ncbi.nlm.nih.gov/29793048/. Acesso em: 2 out. 2023.

FEDUCCIA, A. A.; JEROME, L.; YAZAR-KLOSINSKI, B.; EMERSON, A.; MITHOEFER, M. C.; DOBLIN, R. Breakthrough for Trauma Treatment:

# REFERÊNCIAS

Safety and Efficacy of MDMA-Assisted Psychotherapy Compared to Paroxetine and Sertraline. *Front Psychiatry,* n. 10, 650, set. 2019. Disponível em: https://pubmed.ncbi.nlm.nih.gov/31572236/. Acesso em: 2 out. 2023.

FINNEMA, S. J. *et al.* Imaging synaptic density in the living human brain. *Science Translational Medicine*, n. 8, v. 348, 20 jul. 2016, p. 348ra96. Disponível em: https://www.science.org/doi/10.1126/scitranslmed.aaf6667. Acesso em: 25 set. 2023.

FISHER, H.; ARON, A.; BROWN, L. L. Romantic love: an fMRI study of a neural mechanism for mate choice. *J Comp Neurol.*, v. 493, n. 1, pp. 58-62, dez. 2005. Disponível em: https://pubmed.ncbi.nlm.nih.gov/16255001/. Acesso em: 2 out. 2023.

FISHER, H. E.; THOMSON, J. A. Lust, romance, attachment: do the side effects of serotonin-enhancing antidepressants jeopardize romantic love, marriage, and fertility? *In:* PLATEK, S. M.; KEENAN, J. P.; SHACKELFORD, T. K. (ed.). *Evolutionary Cognitive Neuroscience.* Cambridge, MA: The MIT Press, 2006, pp. 245-283.

FISHER, H. E.; ARON, A.; MASHEK, D.; LI, H.; BROWN, L. L. Defining the brain systems of lust, romantic attraction, and attachment. *Arch Sex Behav.,* v. 31, n. 5, pp. 413-9, out. 2002. Disponível em: https://pubmed.ncbi.nlm. nih.gov/12238608/. Acesso em: 2 out. 2023.

FISHER, H. E. Lust, attraction, and attachment in mammalian reproduction. *Hum Nat.*, v. 9, n. 1, pp. 23-52, mar. 1998. Disponível em: https://pubmed. ncbi.nlm.nih.gov/26197356/. Acesso em: 2 out. 2023.

FISHER, H. E. *Romance and Sex in Adolescence and Emerging Adulthood*: Risks and Opportunities. A Booth and C Crouter. New Jersey: Lawrence Erlbaum Associates, 2006.

FISHER, H. E. Serial monogamy and clandestine adultery: Evolution and consequences of the dual human reproductive strategy. *In:* ROBERTS, S. C. (Ed.). *Applied evolutionary psychology.* Oxford: Oxford University Press, 2012, pp. 93-111.

FRANKEL, P. S.; CUNNINGHAM, K. A. The hallucinogen d-lysergic acid diethylamide (d-LSD) induces the immediate-early gene c-Fos in rat forebrain. *Brain Res.*, v. 958, n. 2, pp. 251-60, dez. 2002. Disponível em: https://www. sciencedirect.com/science/article/abs/pii/S0006899302035485. Acesso em: 2 out. 2023.

FRIEDLAND, R. P. Mechanisms of molecular mimicry involving the microbiota in neurodegeneration. *J Alzheimers Dis.*, v. 45, n. 2, pp. 349-62, 2015. Disponível em: https://pubmed.ncbi.nlm.nih.gov/25589730/. Acesso em: 2 out. 2023.

FUNG, B. J.; SUTLIEF, E.; SHULER, M. G. H. Dopamine and the interdependency of time perception and reward. *Neurosci Biobehav Rev.*, v. 125, pp. 380-391, jun. 2021. Disponível em: https://pubmed.ncbi.nlm.nih.gov/33652021/. Acesso em: 25 set. 2023.

GENDRON, M.; ROBERSON, D.; VAN DER VYVER, J. M.; BARRETT, L. F. Perceptions of emotion from facial expressions are not culturally universal: evidence from a remote culture. *Emotion*, v. 14, n. 2, pp. 251-62, abr. 2014. Disponível em: https://pubmed.ncbi.nlm.nih.gov/24708506/. Acesso em: 2 out. 2023.

GILBERT, D. T.; WILSON, T. D. Miswanting: Some problems in the forecasting of future affective states. *In:* FORGAS, J. P. (Ed.). *Feeling and thinking*: The role of affect in social cognition. Cambridge: Cambridge University Press, 2000, pp. 178-197.

GREENWOOD, B. N. *et al.* Long-term voluntary wheel running is rewarding and produces plasticity in the mesolimbic reward pathway. Behav Brain Res., v. 217, n. 2, pp. 354-62, mar. 2011. Disponível em: https://pubmed.ncbi.nlm.nih.gov/21070820/. Acesso em: 2 mar. 2023.

GRIFFITHS, R. R. *et al.* Psilocybin produces substantial and sustained decreases in depression and anxiety in patients with life-threatening cancer: A randomized double-blind trial. *J Psychopharmacol.*, v. 30, n. 12, pp. 1181-1197, dez. 2016. Disponível em: https://pubmed.ncbi.nlm.nih.gov/27909165/. Acesso em: 2 out. 2023.

HANSON, Rick; MENDIUS, Richard. *O cerebro de Buda*: Neurociência prática para a felicidade. São Paulo: Ed. Alaúde, 2012.

HEAL, D. J.; GOSDEN, J.; SMITH, S. L. Evaluating the abuse potential of psychedelic drugs as part of the safety pharmacology assessment for medical use in humans. *Neuropharmacology,* n. 142, pp. 89-115, 2018. Disponível em: https://pubmed.ncbi.nlm.nih.gov/29427652/. Acesso em: 2 out. 2023.

HERCULANO-HOUZEL, S. The human brain in numbers: a linearly scaled-up primate brain. *Front. Hum Neurosci.*, v. 9, n. 3, 2009, p. 31. Disponível em: https://www.frontiersin.org/articles/10.3389/neuro.09.031.2009/full. Acesso em: 25 set. 2023.

## REFERÊNCIAS

HERCULANO-HOUZEL, S.; AVELINO-DE-SOUZA, K.; NEVES, K.; PORFÍRIO, J.; MESSEDER, D.; MATTOS FEIJÓ, L.; MALDONADO, J.; MANGER, P. R. The elephant brain in numbers. *Front Neuroanat.*, v. 12, n. 8, jun. 2014, p. 46. Disponível em: https://www.frontiersin.org/articles/10.3389/fnana.2014.00046/full. Acesso em: 25 set. 2023.

HERCULANO-HOUZEL, Suzana. *A vantagem humana*: como nosso cérebro se tornou superpoderoso. São Paulo: Companhia das Letras, 2017.

HERRERO, J. L.; KHUVIS, S.; YEAGLE, E.; CERF, M.; MEHTA, A. D. Breathing above the brain stem: volitional control and attentional modulation in humans. *J Neurophysiol.*, v. 119, n. 1, pp. 145-159, jan. 2018. Disponível em: https://pubmed.ncbi.nlm.nih.gov/28954895/. Acesso em: 2 out. 2023.

IVANOVSKI, B.; MALHI, G. S. The psychological and neurophysiological concomitants of mindfulness forms of meditation. *Acta Neuropsychiatr.*, v. 19, n. 2, pp. 76-91, abr. 2007. Disponível em: https://pubmed.ncbi.nlm.nih.gov/26952819/. Acesso em: 2 out. 2023.

JEFSEN, O. H.; ELFVING, B.; WEGENER, G.; MÜLLER, H. K. Transcriptional regulation in the rat prefrontal cortex and hippocampus after a single administration of psilocybin. *J Psychopharmacol.*, v. 35, n. 4, pp. 483-493, abr. 2021. Disponível em: https://pubmed.ncbi.nlm.nih.gov/33143539/. Acesso em: 2 out. 2023.

JERATH, R.; CRAWFORD, M. W.; BARNES, V. A.; HARDEN, K. Self-regulation of breathing as a primary treatment for anxiety. *Appl Psychophysiol Biofeedback.*, v. 40, n. 2, pp. 107-15, jun. 2015. Disponível em: https://pubmed.ncbi.nlm.nih.gov/25869930/. Acesso em: 2 out. 2023.

JOHNSON, M. W.; GARCIA-ROMEU, A.; COSIMANO, M. P.; GRIFFITHS, R. R. Pilot study of the 5-HT2AR agonist psilocybin in the treatment of tobacco addiction. *J Psychopharmacol.*, v. 28, n. 11, pp. 983-92, nov. 2014. Disponível em: https://pubmed.ncbi.nlm.nih.gov/25213996/. Acesso em: 2 out. 2023.

KAISER, R. H. *et al.* Dynamic Resting-State Functional Connectivity in Major Depression. *Neuropsychopharmacology*, v. 41, n. 7, pp. 1822-30, jun. 2016. Disponível em: https://pubmed.ncbi.nlm.nih.gov/26632990/. Acesso em: 2 out. 2023.

KAO, A. C.; SPITZER, S.; ANTHONY, D. C.; LENNOX, B.; BURNET, P. W. J. Prebiotic attenuation of olanzapine-induced weight gain in rats: analysis of central and peripheral biomarkers and gut microbiota. *Transl Psychiatry*, v. 8, n. 1, p. 66, mar. 2018. Disponível em: https://pubmed.ncbi.nlm.nih. gov/29540664/. Acesso em: 2 out. 2023.

KAUFLING, J. Alterations and adaptation of ventral tegmental area dopaminergic neurons in animal models of depression. *Cell Tissue Res.*, v. 377, n. 1, pp. 59-71, jul. 2019. Disponível em: https://pubmed.ncbi.nlm.nih. gov/30848354/. Acesso em: 2 out. 2023.

KILLINGSWORTH, M. A.; GILBERT, D. T. A wandering mind is an unhappy mind. *Science,* v. 330, n. 6006, p. 932, 12 nov. 2010. Disponível em: https:// pubmed.ncbi.nlm.nih.gov/21071660/. Acesso em: 2 out. 2023.

KIM, I. B.; LEE, J. H.; PARK, S. C. The Relationship between Stress, Inflammation, and Depression. *Biomedicines,* v. 10, n. 8, pp. 1929, ago. 2022. Disponível em: https://pubmed.ncbi.nlm.nih.gov/36009476/. Acesso em: 2 out. 2023.

KIM, S. *et al.* Maternal gut bacteria promote neurodevelopmental abnormalities in mouse offspring. *Nature,* v. 549, n. 7673, pp. 528-532, set. 2017. Disponível em: https://pubmed.ncbi.nlm.nih.gov/28902840/. Acesso em: 2 out. 2023.

KINI, P.; WONG, J.; MCINNIS, S.; GABANA, N.; BROWN, J. W. The effects of gratitude xpresión on neural activity. *Neuroimage*, v. 128, pp. 1-10, mar. 2016. Disponível em: https://www.sciencedirect.com/science/article/abs/ pii/S1053811915011532. Acesso em: 28 set. 2023.

KOLB, B.; HARKER, A.; GIBB, R. Principles of plasticity in the developing brain. *Dev Med Child Neurol.*, n. 59, v. 12, pp.1218-1223, 2017. Disponível em: https://pubmed.ncbi.nlm.nih.gov/28901550/. Acesso em: 25 set. 2023.

KORB, Alex. *The Upward Spiral*: Using Neuroscience to Reverse the Course of Depression, One Small Change at a Time. Oakland, Ca.: New Harbinger Publications, 2015.

KOSMIDIS, S. *et al.* RbAp48 Protein Is a Critical Component of GPR158/ OCN Signaling and Ameliorates Age-Related Memory Loss. *Cell Rep.*, v. 25, n. 4, pp. 959-973, out. 2018. Disponível em: https://pubmed.ncbi.nlm.nih. gov/30355501/. Acesso em: 2 out. 2023.

KUHN, Peter *et al.* The Effects of Lottery Prizes on Winners and Their Neighbors: Evidence from the Dutch Postcode Lottery. *American Economic Review*, v. 101, n. 5, pp. 2226-47, ago. 2011.

# REFERÊNCIAS

LAI, J. Y. *et al.* Interferon therapy and its association with depressive disorders — a review. *Front Immunol.*, n. 14, 1048592, fev. 2023. Disponível em: https://pubmed.ncbi.nlm.nih.gov/36911685/. Acesso em: 2 out. 2023.

LAMA, Dalai. *A arte da felicidade*: um manual para a vida. São Paulo: Martins Fontes, 2000.

LAYARD, Richard. *Happiness*: lessons from a science. Londres: Ed. Penguin Books, 2006.

LAZAR, S. W. *et al.* Meditation experience is associated with increased cortical thickness. *Neuroreport.*, v. 16, n. 17, pp. 1893-7, nov. 2005. Disponível em: https://pubmed.ncbi.nlm.nih.gov/16272874/. Acesso em: 2 out. 2023.

LEBEL, C.; DEONI, S. The development of brain white matter microstructure. *Neuroimage*, n. 182, pp. 207-218, nov. 2018. Disponível em: https://pubmed.ncbi.nlm.nih.gov/29305910/. Acesso em: 25 set. 2023.

LERNER, T. N.; HOLLOWAY, A. L.; SEILER, J. L. Dopamine, Updated: Reward Prediction Error and Beyond. *Curr Opin Neurobiol.*, v. 67, pp. 123--130, abr. 2021. Disponível em: https://pubmed.ncbi.nlm.nih.gov/33197709/. Acesso em: 25 set. 2023.

LI, Z. *et al.* Gut bacterial profiles in Parkinson's disease: A systematic review. *CNS Neurosci Ther.*, v. 29, n. 1, pp. 140-157, jan. 2023. Disponível em: https://pubmed.ncbi.nlm.nih.gov/36284437/. Acesso em: 2 out. 2023.

LIEBERMAN, D. E. *The Story of the Human Body*: Evolution, Health and Disease. New York: Pantheon Press, 2013, pp. 1-460.

LOU, H. C.; KJAER, T. W.; FRIBERG, L.; WILDSCHIODTZ, G.; HOLM, S.; NOWAK, M. A 15O-H2O PET study of meditation and the resting state of normal consciousness. *Hum Brain Mapp.*, v. 7, n. 2, pp. 98-105, 1999. Disponível em: https://europepmc.org/article/med/9950067. Acesso em: 2 out. 2023.

LOURENCO, M. V. *et al.* Exercise-linked FNDC5/irisin rescues synaptic plasticity and memory defects in Alzheimer's models. *Nature Medicine*, v. 25, n. 1, pp. 165-175, jan. 2019. Disponível em: https://www.nature.com/articles/s41591-018-0275-4. Acesso em: 29 set. 2023.

LUTZ, A. *et al.* Mental training enhances attentional stability: neural and behavioral evidence. *J Neurosci.*, v. 29, n. 42, pp. 13418-27, out. 2009. Disponível em: https://pubmed.ncbi.nlm.nih.gov/19846729/. Acesso em: 2 out. 2023.

LY, C. *et al.* Psychedelics Promote Structural and Functional Neural Plasticity. *Cell Rep.*, v. 23, n. 11, pp. 3170-3182, jun. 2018. Disponível em: https://pubmed.ncbi.nlm.nih.gov/29898390/. Acesso em: 2 out. 2023.

LYUBOMIRSKY, S.; KING, L.; DIENER, E. The Benefits of Frequent Positive Affect: Does Happiness Lead to Success? *Psychological Bulletin*, v. 131, n. 6, pp. 803-855, 2005. Disponível em: https://doi.org/10.1037/0033-2909.131.6.803. Acesso em: 28 set. 2023.

MA, X. *et al.* The Effect of Diaphragmatic Breathing on Attention, Negative Affect and Stress in Healthy Adults. *Front Psychol.*, n. 8, 874, jun. 2017. Disponível em: https://www.frontiersin.org/articles/10.3389/fpsyg.2017.00874/full. Acesso em: 2 out. 2023.

MANDAL, S.; SINHA, V. K.; GOYAL, N. Efficacy of ketamine therapy in the treatment of depression. *Indian J Psychiatry*, v. 61, n. 5, pp. 480-485, set./out. 2019. Disponível em: https://pubmed.ncbi.nlm.nih.gov/31579184/. Acesso em: 2 out. 2023.

MARAZZITI, D.; AKISKAL, H. S.; ROSSI, A.; CASSANO, G. B. Alteration of the platelet serotonin transporter in romantic love. *Psychol Med.*, v. 29, n. 3, pp. 741-5, maio 1999. Disponível em: https://pubmed.ncbi.nlm.nih.gov/10405096/. Acesso em: 2 out. 2023.

MEDVEC, V. H.; MADEY, S. F.; GILOVICH, T. When less is more: counterfactual thinking and satisfaction among Olympic medalists. *J Pers Soc Psychol.*, v. 69, n. 4, pp. 603-10, out. 1995. Disponível em: https://psycnet.apa.org/record/1996-09830-001. Acesso em: 28 set. 2023.

MELNYCHUK, M. C. *et al.* Coupling of respiration and attention via the locus coeruleus: Effects of meditation and pranayama. *Psychophysiology*, v. 55, n. 9, e13091, set. 2018. Disponível em: https://pubmed.ncbi.nlm.nih.gov/29682753/. Acesso em: 2 out. 2023.

MENARD, C. *et al.* Social stress induces neurovascular pathology promoting depression. *Nat Neurosci.*, v. 20, n. 12, pp. 1752-1760, dez. 2017. Disponível em: https://pubmed.ncbi.nlm.nih.gov/29184215/. Acesso em: 2 out. 2023.

MEURET, A.E.; ROSENFIELD, D.; HOFMANN, S. G.; SUVAK, M. K.; ROTH, W. T. Changes in respiration mediate changes in fear of bodily sensations in panic disorder. *J Psychiatr Res.*, v. 43, n. 6, pp. 634-41, mar. 2009. Disponível em: https://www.sciencedirect.com/science/article/abs/pii/S0022395608001829. Acesso em: 3 out. 2023.

## REFERÊNCIAS

MITHOEFER, M. C. *et al.* MDMA-assisted psychotherapy for treatment of PTSD: study design and rationale for phase 3 trials based on pooled analysis of six phase 2 randomized controlled trials. *Psychopharmacology* (Berl), v. 236, n. 9, pp. 2735-2745, set. 2019. Disponível em: https://pubmed.ncbi.nlm.nih.gov/31065731/. Acesso em: 2 out. 2023.

MOLINER, R. *et al.* Psychedelics promote plasticity by directly binding to BDNF receptor TrkB. *Nat Neurosci.*, v. 26, n. 6, pp. 1032-1041, jun. 2023. Disponível em: https://pubmed.ncbi.nlm.nih.gov/37280397/. Acesso em: 2 out. 2023.

MOLONEY, Rachel D. *et al.* The microbiome: stress, health and disease. *Mamm Genome*, v. 25, n. 1-2, pp. 49-74, fev. 2014. Disponível em: https://pubmed.ncbi.nlm.nih.gov/24281320/. Acesso em: 3 out. 2023.

MONCRIEFF, J. *et al.* The serotonin theory of depression: a systematic umbrella review of the evidence. *Molecular psychiatry*, 2022, pp. 1-14. Disponível em: https://www.nature.com/articles/s41380-022-01661-0. Acesso em: 2 out. 2023.

MOON H. Y. Praag HV. Physical Activity and Brain Plasticity. J Exerc Nutrition Biochem. 2019 Dec 31;23(4):23-25.

MORENO, F. A ; WIEGAND, C. B.; TAITANO, E. K.; DELGADO, P. L. Safety, tolerability, and efficacy of psilocybin in 9 patients with obsessive--compulsive disorder. *J Clin Psychiatry.*, v. 67, n. 11, pp. 1735-40, nov. 2006. Disponível em: https://pubmed.ncbi.nlm.nih.gov/17196053/. Acesso em: 2 out. 2023.

MOTA, B.; HERCULANO-HOUZEL, S. Cortical folding scales universally with surface area and thickness, not number of neurons. *Science*, v. 349, n. 6243, jul. 2015, pp. 74-7. Disponível em: https://www.science.org/doi/10.1126/science.aaa9101. Acesso em: 25 set. 2023.

MURROUGH, J. W. *et al.* Antidepressant efficacy of ketamine in treatment--resistant major depression: a two-site randomized controlled trial. *Am J Psychiatry.*, v. 170, n. 10, pp. 1134-42, out. 2013. Disponível em: https://pubmed.ncbi.nlm.nih.gov/23982301/. Acesso em: 2 out. 2023.

NARDI, A. E.; VALENÇA, A. M.; NASCIMENTO, I.; MEZZASALMA, M. A.; LOPES, F. L.; ZIN, W. A. Hyperventilation in panic disorder patients and healthy first-degree relatives. *Braz J Med Biol Res.*, v. 33, n. 11, pp. 1317-23, nov. 2000. Disponível em: https://www.scielo.br/j/bjmbr/a/qVZLw5RZGm vzkRPTChBj7hQ/?lang=en. Acesso em: 2 out. 2023.

NEVES, K.; CUNHA, F. da; HERCULANO-HOUZEL, S. What Are Different Brains Made Of? *Front. Young Minds.*, v. 5, n. 21, 2017. Disponível em: https://kids.frontiersin.org/articles/10.3389/frym.2017.00021. Acesso em: 25 set. 2023.

NISHINO, R. *et al.* Commensal microbiota modulate murine behaviors in a strictly contamination-free environment confirmed by culture-based methods. *Neurogastroenterol Motil.*, v. 25, n. 6, pp. 521-8, jun. 2013. Disponível em: https://pubmed.ncbi.nlm.nih.gov/23480302/. Acesso em: 2 out. 2023.

OGAWA, Y.; KANEKO, Y.; SATO, T.; SHIMIZU, S.; KANETAKA, H.; HANYU, H. Sarcopenia and Muscle Functions at Various Stages of Alzheimer Disease. *Front Neurol.*, v. 9, 710, 28 ago. 2018. Disponível em: https://www.frontiersin.org/articles/10.3389/fneur.2018.00710/full. Acesso em: 2 out. 2023.

OHTA, T. *et al.* Age — and sex-specific associations between sarcopenia severity and poor cognitive function among community-dwelling older adults in Japan: The IRIDE Cohort Study. *Front Public Health.*, v. 11, abr. 2023. Disponível em: https://www.frontiersin.org/articles/10.3389/fpubh.2023.1148404/full. Acesso em: 2 out. 2023.

OTAKE, K.; SHIMAI, S.; TANAKA-MATSUMI, J.; OTSUI, K.; FREDRICKSON, B. L. Happy people become happier through kindness: a counting kindnesses intervention. *Journal of Happiness Studies*, v. 7, n. 3, pp. 361-375, set. 2006. Disponível em: https://link.springer.com/article/10.1007/s10902-005-3650-z. Acesso em: 28 set. 2023.

OUTHRED, T.; HAWKSHEAD, B. E.; WAGER, T. D.; DAS, P.; MALHI, G. S.; KEMP, A. H. Acute neural effects of selective serotonin reuptake inhibitors versus noradrenaline reuptake inhibitors on emotion processing: Implications for differential treatment efficacy. *Neurosci Biobehav Rev.*, n. 37, v. 8, pp.1786-800, 2013. Disponível em: https://pubmed.ncbi.nlm.nih.gov/23886514/. Acesso em: 25 set. 2023.

PALHANO-FONTES, F. *et al.* Rapid antidepressant effects of the psychedelic ayahuasca in treatment-resistant depression: a randomized placebo-controlled trial. *Psychol Med.*, v. 49, n. 4, pp. 655-663, mar. 2019. Disponível em: https://pubmed.ncbi.nlm.nih.gov/29903051/. Acesso em: 2 out. 2023.

PAOLUCCI, E. M.; LOUKOV, D.; BOWDISH, D. M. E.; HEISZ, J. J. Exercise reduces depression and inflammation but intensity matters. *Biol Psychol.*,

# REFERÊNCIAS

n. 133, pp. 79-84, mar. 2018. Disponível em: https://pubmed.ncbi.nlm.nih. gov/29408464/. Acesso em: 2 out. 2023.

PEI, Q. *et al.* Serotonergic regulation of mRNA expression of Arc, an immediate early gene selectively localized at neuronal dendrites. *Neuropharmacology,* v. 39, n. 3, pp. 463-70, jan. 2000. Disponível em: https://pubmed.ncbi.nlm.nih. gov/10698012/. Acesso em: 2 out. 2023.

PERL, O.; RAVIA, A.; RUBINSON, M.; EISEN, A.; SOROKA, T.; MOR, N.; SECUNDO, L.; SOBEL, N. Human non-olfactory cognition phase-locked with inhalation. *Nat Hum Behav.*, v. 3, n. 5, pp. 501-512, maio 2019. Disponível em: https://pubmed.ncbi.nlm.nih.gov/31089297/. Acesso em: 2 out. 2023.

PETRI, G. *et al.* Homological scaffolds of brain functional networks. *J R Soc Interface.*, v. 11, n. 101, 20140873, dez. 2014. Disponível em: https://pubmed.ncbi.nlm.nih.gov/25401177/. Acesso em: 2023.

PITHAROULI, M. C. *et al.* Elevated C-Reactive Protein in Patients With Depression, Independent of Genetic, Health, and Psychosocial Factors: Results From the UK Biobank. *Am J Psychiatry.*, v. 178, n. 6, pp. 522-529, jun. 2021. Disponível em: https://pubmed.ncbi.nlm.nih.gov/33985349/. Acesso em: 2 out. 2023.

PORGES, S. W. The Polyvagal Theory: phylogenetic contributions to social behavior. *Physiol Behav.*, v. 79, n. 3, pp. 503-13, ago. 2003. Disponível em: https://pubmed.ncbi.nlm.nih.gov/12954445/. Acesso em: 2 out. 2023.

POWELL, J.; LEWIS, P. A.; ROBERTS, N.; GARCÍA-FIÑANA, M.; DUNBAR, R. I. Orbital prefrontal cortex volume predicts social network size: an imaging study of individual differences in humans. *Proc Biol Sci.*, v. 279, n. 1736, pp. 2157-62, jun. 2012. Disponível em: https://royalsocietypublishing.org/ doi/10.1098/rspb.2011.2574. Acesso em: 28 set. 2023.

RADJABZADEH, D. *et al.* Gut microbiome-wide association study of depressive symptoms. *Nat Commun.*, v. 13, n. 1, pp. 7128, dez. 2022. Disponível em: https://pubmed.ncbi.nlm.nih.gov/36473852/. Acesso em: 2 out. 2023.

RAICHLEN, D. A.; ALEXANDER, G. E. Adaptive Capacity: An Evolutionary Neuroscience Model Linking Exercise, Cognition, and Brain Health. *Trends Neuroscience*, v. 40, n. 7, pp. 408-421, jul. 2017. Disponível em: https:// pubmed.ncbi.nlm.nih.gov/28610948/. Acesso em: 29 set. 2023.

RICH, T. *et al.* Contemplative Practices Behavior Is Positively Associated with Well-Being in Three Global Multi-Regional Stanford WELL for Life

Cohorts. *Int J Environ Res Public Health*, v. 19, n. 20, 13485, out. 2022. Disponível em: https://pubmed.ncbi.nlm.nih.gov/36294068/. Acesso em: 2 out. 2023.

SAIVE, A. L.; ROYET J. P. Plailly J. A review on the neural bases of episodic odor memory: from laboratory-based to autobiographical approaches. Front Behav Neurosci. 2014 Jul 7;8:240.

SALAY, L. D.; ISHIKO, N.; HUBERMAN, A. D. A midline thalamic circuit determines reactions to visual threat. *Nature*, n. 557, pp. 183-189, maio 2018. Disponível em: https://www.nature.com/articles/s41586-018-0078-2. Acesso em: 2 out. 2023.

SAPOLSKY, Robert. *Why Zebras Dont Get Ulcers*: The Acclaimed Guide to Stress, Stress-Related Diseases, and Coping. Virginia: Ed. Holter, 2004.

SAVINO, A.; NICHOLS, C. D. Lysergic acid diethylamide induces increased signalling entropy in rats' prefrontal cortex. *J Neurochem.*, v. 162, n. 1, pp. 9-23, jul. 2022. Disponível em: https://pubmed.ncbi.nlm.nih.gov/34729786/. Acesso em: 2 out. 2023.

SCHIPPER, L.; HARVEY, L.; VAN DER BEEK, E. M.; VAN DIJK, G. Home alone: a systematic review and meta-analysis on the effects of individual housing on body weight, food intake and visceral fat mass in rodents. *Obesity Reviews*, v. 19, n. 5, pp. 614-637, 2018. Disponível em: https://doi.org/10.1111/obr.12663. Acesso em: 29 set. 2023.

SCHMID, Y.; GASSER, P.; OEHEN, P.; LIECHTI, M. E. Acute subjective effects in LSD — and MDMA-assisted psychotherapy. *J Psychopharmacol.*, v. 35, n. 4, pp. 362-374, abr. 2021. Disponível em: https://pubmed.ncbi.nlm.nih.gov/33853422/. Acesso em: 2 out. 2023.

SEGAL, A.; ZLOTNIK, Y.; MOYAL-ATIAS, K.; ABUHASIRA, R.; IFERGANE, G. Fecal microbiota transplant as a potential treatment for Parkinson's disease — A case series. *Clin Neurol Neurosurg.*, n. 207, 106791, ago. 2021. Disponível em: https://pubmed.ncbi.nlm.nih.gov/34237681/. Acesso em: 2 out. 2023.

SGRITTA, M.; DOOLING, S. W.; BUFFINGTON, S. A.; MOMIN, E. N.; FRANCIS, M. B.; BRITTON, R. A.; COSTA-MATTIOLI, M. Mechanisms Underlying Microbial-Mediated Changes in Social Behavior in Mouse Models of Autism Spectrum Disorder. *Neuron.*, v. 101, n. 2, pp. 246-259, jan. 2019. Disponível em: https://pubmed.ncbi.nlm.nih.gov/30522820/. Acesso em: 2 out. 2023.

# REFERÊNCIAS

SHANNAHOFF-KHALSA, D. S. An introduction to Kundalini yoga meditation techniques that are specific for the treatment of psychiatric disorders. *J Altern Complement Med.*, v. 10, n. 1, pp. 91-101, fev. 2004. Disponível em: https://pubmed.ncbi.nlm.nih.gov/15025884/. Acesso em: 2 out. 2023.

SIEBERS, M.; BIEDERMANN, S. V.; BINDILA, L.; LUTZ, B.; FUSS, J. Exercise-induced euphoria and anxiolysis do not depend on endogenous opioids in humans. *Psychoneuroendocrinology*, v. 126, 105173, abr. 2021. Disponível em: https://pubmed.ncbi.nlm.nih.gov/33582575/. Acesso em: 2 out. 2023.

SONNE, T.; JENSEN, M. M. Chillfish: A respiration game for children with adhd. In Proceedings of the TEI'16: *Tenth International Conference on Tangible, Embedded, and Embodied Interaction*, fev. 2016, pp. 271-278.

STRANDWITZ, P. *et al.* GABA-modulating bacteria of the human gut microbiota. *Nat Microbiol.*, v. 4, n. 3, pp. 396-403, mar. 2019. Disponível em: https://pubmed.ncbi.nlm.nih.gov/30531975/. Acesso em: 2 out. 2023.

STREETER, C. C. *et al.* Thalamic Gamma Aminobutyric Acid Level Changes in Major Depressive Disorder After a 12-Week Iyengar Yoga and Coherent Breathing Intervention. *J Altern Complement Med.*, v. 26, n. 3, pp. 190-197, mar. 2020. Disponível em: https://pubmed.ncbi.nlm.nih.gov/31934793/. Acesso em: 2 out. 2023.

SUDO N. *et al.* Postnatal microbial colonization programs the hypothalamic--pituitary-adrenal system for stress response in mice. J Physiol. 2004 Jul 1;558(Pt 1):263-75.

SUZUKI, H. *et al.* Suicide and Microglia: Recent Findings and Future Perspectives Based on Human Studies. *Front Cell Neurosci.*, n. 13, p. 31, fev. 2019. Dipsonível em: https://pubmed.ncbi.nlm.nih.gov/30814929/. Acesso em: 2 out. 2023.

SWEIS, B. M.; REDISH, A. D.; THOMAS, M. J. Prolonged abstinence from cocaine or morphine disrupts separable valuations during decision conflict. *Nature Communications*, n. 9, art. 2521, jun. 2018. Disponível em: https://www.nature.com/articles/s41467-018-04967-2. Acesso em: 26 set. 2023.

TAGLIAZUCCHI, E.; CARHART-HARRIS, R.; LEECH, R.; NUTT, D.; CHIALVO, D. R. Enhanced repertoire of brain dynamical states during the psychedelic experience. *Hum Brain Mapp.*, v. 35, n. 11, pp. 5442-56, nov. 2014. Disponível em: https://pubmed.ncbi.nlm.nih.gov/24989126/. Acesso em: 2 out. 2023.

TAKAHASHI, T. *et al.* Changes in EEG and autonomic nervous activity during meditation and their association with personality traits. *Int J Psychophysiol.*, v. 55, n. 2, pp. 199-207, fev. 2005. Disponível em: https://pubmed.ncbi.nlm.nih.gov/15649551/. Acesso em: 2 out. 2023.

TANIYA, M. A. *et al.* Role of Gut Microbiome in Autism Spectrum Disorder and Its Therapeutic Regulation. *Front Cell Infect Microbiol.*, n. 12, 915701, jul. 2022. Disponível em: https://pubmed.ncbi.nlm.nih.gov/35937689/. Acesso em: 2 out. 2023.

TAREN, A. A. *et al.* Mindfulness meditation training alters stress-related amygdala resting state functional connectivity: a randomized controlled trial. *Soc Cogn Affect Neurosci.*, v. 10, n. 12, pp. 1758-68, dez. 2015. Disponível em: https://pubmed.ncbi.nlm.nih.gov/26048176/. Acesso em: 2 out. 2023.

TIIHONEN, J. *et al.* Increase in cerebral blood flow of right prefrontal cortex in man during orgasm. *Neurosci Lett.*, v. 170, n. 2, pp. 241-3, abr. 1994. Disponível em: https://pubmed.ncbi.nlm.nih.gov/8058196/. Acesso em: 2 out. 2023.

TOMASINO, B.; FABBRO, F. Increases in the right dorsolateral prefrontal cortex and decreases the rostral prefrontal cortex activation after-8 weeks of focused attention based mindfulness meditation. *Brain and Cognition*, v. 102, pp. 46–54, 2016. Disponível em: https://doi.org/10.1016/j.bandc.2015.12.004. Acesso em: 2 out. 2023.

TOMOVA, L. *et al.* Acute social isolation evokes midbrain craving responses similar to hunger. *Nat Neurosci.*, v. 23, n. 12, pp. 1597-1605, dez. 2020. Disponível em: https://www.nature.com/articles/s41593-020-00742-z. Acesso em: 29 set. 2023.

TOWNSEND, J. D. *et al.* fMRI activation in the amygdala and the orbitofrontal cortex in unmedicated subjects with major depressive disorder. *Psychiatry Res.*, v. 183, n. 3, pp. 209-17, set. 2010. Disponível em: https://pubmed.ncbi.nlm.nih.gov/20708906/. Acesso em: 2 out. 2023.

TROUBAT, R. *et al.* Neuroinflammation and depression: A review. *Eur J Neurosci.*, v. 53, n. 1, pp. 151-171, jan. 2021. Disponível em: https://pubmed.ncbi.nlm.nih.gov/32150310/. Acesso em: 2 out. 2023.

VALLES-COLOMER, M. *et al.* Variation and transmission of the human gut microbiota across multiple familial generations. *Nat Microbiol.*, v. 7,

# REFERÊNCIAS

n. 1, pp. 87-96, jan. 2022. Disponível em: https://pubmed.ncbi.nlm.nih.gov/34969979/. Acesso em: 2 out. 2023.

VANN JONES, S. A.; O'KELLY, A. Psychedelics as a Treatment for Alzheimer's Disease Dementia. *Front Synaptic Neurosci.*, n. 12, p. 34, ago. 2020. Disponível em: https://www.ncbi.nlm.nih.gov/pmc/articles/PMC7472664/. Acesso em: 2 out. 2023.

VARGAS, M. V. *et al.* Psychedelics promote neuroplasticity through the activation of intracellular 5-HT2A receptors. *Science,* v. 379, n. 6633, pp. 700-706, fev. 2023. Disponível em: https://pubmed.ncbi.nlm.nih.gov/36795823/. Acesso em: 2 out. 2023.

VILLEMURE, C ; ČEKO, M.; COTTON, V. A.; BUSHNELL, M. C. Neuroprotective effects of yoga practice: age-, experience-, and frequency--dependent plasticity. *Front Hum Neurosci.*, n. 9, p. 281, maio 2015. Disponível em: https://pubmed.ncbi.nlm.nih.gov/26029093/. Acesso em: 2 out. 2023.

VORKAPIC, C. F.; BORBA-PINHEIRO, C. J.; MARCHIORO, M.; SANTANA, D. The Impact of Yoga Nidra and Seated Meditation on the Mental Health of College Professors. *Int J Yoga*, v. 11, n. 3, pp. 215-223, set./dez. 2018. Disponível em: https://pubmed.ncbi.nlm.nih.gov/30233115/. Acesso em: 2 out. 2023.

VORKAPIC, C. F.; RANGÉ, B. Reducing the symptomatology of panic disorder: the effects of a yoga program alone and in combination with cognitive--behavioral therapy. *Front Psychiatry.*, v. 8, n. 5, 177, dez. 2014. Disponível em: https://pubmed.ncbi.nlm.nih.gov/25538634/. Acesso em: 2 out. 2023.

VORKAPIC, C. F.; RANGÉ, B. *Mindfulness, meditação, yoga e técnicas contemplativas.* Rio de Janeiro: Editora Cognitiva, 2013.

VORKAPIC, C. F. *et al.* Are There Benefits from Teaching Yoga at Schools? A Systematic Review of Randomized Control Trials of Yoga-Based Interventions. *Evid Based Complement Alternat Med.*, n. 2015, 345835, 2015. Disponível em: https://pubmed.ncbi.nlm.nih.gov/26491461/. Acesso em: 2 out. 2023.

VORKAPIC, C. *et al.* Born to move: a review on the mpacto f physical exercise on brain health and the evidence from human controlled trials. *Arq Neuropsiquiatr.*, v. 79, n. 6, pp. 536-550, jun. 2021. Disponível em: https://pubmed.ncbi.nlm.nih.gov/34320058/. Acesso em: 26 set. 2023.

WRANGHAM, Richard. *Pegando fogo*: por que cozinhar nos tornou humanos. São Paulo: Ed. Zahar, 2010.

YACKLE, K. *et al.* Breathing control center neurons that promote arousal in mice. *Science*, v. 355, n. 6332, pp. 1411-1415, mar. 2017. Disponível em: https://pubmed.ncbi.nlm.nih.gov/28360327/. Acesso em: 2 out. 2023.

YAPLE, Z. A.; YU, R. Functional and structural brain correlates of socioeconomic status. *Cerebral Cortex*, v. 30, n. 1, pp. 181-196, 2020. Disponível em: https://doi.org/10.1093/cercor/bhz080. Acesso em: 28 set. 2023.

YU, H.; CHEN, Z. Y. The role of BDNF in depression on the basis of its location in the neural circuitry. *Acta Pharmacol Sin.*, v. 32, n. 1, pp. 3-11, jan. 2011. Disponível em: https://pubmed.ncbi.nlm.nih.gov/21131999/. Acesso em: 2 out. 2023.

ZANOS P. *et al.* NMDAR inhibition-independent antidepressant actions of ketamine metabolites. Nature. 2016 May 26;533(7604):481-6.

ZEIFMAN, R. J. *et al.* Rapid and sustained decreases in suicidality following a single dose of ayahuasca among individuals with recurrent major depressive disorder: results from an open-label trial. *Psychopharmacology* (Berl), v. 238, n. 2, pp. 453-459, fev. 2021. Disponível em: https://pubmed.ncbi.nlm.nih.gov/33118052/. Acesso em: 2 out. 2023.

ZELANO, C. *et al.* Nasal Respiration Entrains Human Limbic Oscillations and Modulates Cognitive Function. *J Neurosci.*, v. 36, n. 49, pp. 12448-12467, dez. 2016. Disponível em: https://pubmed.ncbi.nlm.nih.gov/27927961/. Acesso em: 2 out. 2023.

ZHANG, Y.; OGBU, D.; GARRETT, S.; XIA, Y.; SUN, J. Aberrant enteric neuromuscular system and dysbiosis in amyotrophic lateral sclerosis. *Gut Microbes,* v. 13, n. 1, 1996848, jan./dez. 2021. Disponível em: https://pubmed.ncbi.nlm.nih.gov/34812107/. Acesso em: 2 out. 2022.

ZHANG, H.; XIE, Q.; HU, J. Neuroprotective Effect of Physical Activity in Ischemic Stroke: Focus on the Neurovascular Unit. *Front Cell Neurosci.*, n. 16, 860573, mar. 2022. Disponívem em: https://www.frontiersin.org/articles/10.3389/fncel.2022.860573/full. Acesso em: 2 out. 2023.